ダムによらない治水は可能だ

天然アユの宝庫・最上小国川を守れ！

最上小国川の清流を守る会❖編

花伝社

ダムによらない治水は可能だ——天然アユの宝庫・最上小国川を守れ！◆目次

はじめに

――沼沢勝善・前小国川漁協組合長の遺志を継ぎ、ダムのない最上小国川の豊かな自然を守る！

「この自然を、守りたいんですよ。自然を守りたいというこの気持ちを、捨てたくないんですよ……」

これは、小国川漁業協同組合の組合長だった沼沢勝善さんが亡くなる前、地元テレビ局のインタビューの「なぜそこまでダムに反対するのですか」という質問に答えて、初冬の小国川を眺めながら話した言葉です。

当時、小国川漁協は「天然アユの宝庫、ダムのない清流最上小国川を守ろう」と沼沢組合長を先頭に、多くの組合員が一致して「ダムによらない治水計画」を求め、ダム建設に同意しないことから、山形県はダム本体工事着工が出来ずにいました。その沼沢組合長が自らの命を断ったのは、二〇一四（平成二六）年二月で、この日は、ダム計画をすすめる県の担当者と、漁業権者としての対応について打ち合わせをする予定になっていました。

死を選ばなければならないほどの極度の心労とは、何だったのでしょうか。死に至るまで、どういうことがあったのでしょうか。

実は、沼沢さんが亡くなるおよそ二カ月前の一月一日が、山形県内の河川などに漁業権を持つ各内水面漁協の、一〇年に一回の漁業権更新時期にあたっていました。その前年から、漁業権認可権限を

日新聞　第3種郵便物認可

小国川漁協組合長自殺

県と板挟み 強い心労

ダム建設に反対

県が最上町で進める最上小国川ダム計画をめぐって悲劇が起きた。10日未明に自殺した小国川漁協の沼沢勝善組合長(77)は、清流を守る漁協の立場を代表して、ダム建設への反対を訴え続けてきた。しかし、昨年末からは計画への同意を求める県との板挟みになり、強い心労を感じていた。

周囲に「代わってほしい」

ダム計画は1991年、建設予定地の下流にある赤倉温泉の洪水対策として持ち上がった。流域住民からは「これで安心できる。早く完成を」と要望が上がる一方、「アユの生育などに深刻な影響が出る」と環境悪化への懸念も根強く、いまも賛否が割れている。

沼沢組合長は97年に同職に就き、漁協の反対運動を率いてきた。2006年には、漁協として「ダムによらない治水対策」を求めていくことを総代会で決議。ダム建設を前提とした県との協議を拒んでいた。

ダムの建設には、最上小国川の漁業権を持つ漁協の同意が必要だ。そのため06年以降、ダム建設は実質的に膠着状態に陥っていた。

事態が大きく動いたのは昨年12月。10年に1度となる漁業権の更新時期を迎えた漁協に対し、県が「公益への配慮」を求め、更新の先送りを示唆したのだ。

漁協が「公益に十分配慮する」と明記した文書を県に提出したことで漁業権は更新されたが、県は中断していた協議の再開を要求。漁協が応じる形で、1月28日に初会合が開かれた。沼沢組合長が命を絶った10日は、第2回の協議に向け、漁協で県との打ち合わせが予定されていたという。

しかし、この協議は県側にとって、ダム計画への漁協の理解を得る場。漁協側の求める「ダムによらない治水対策」の再検討には否定的で、吉村美栄子知事はこれまで「しっかり説明し、理解を頂きたい」と繰り返している。

関係者は「年末からの一連の騒動で、組合長に深刻な疲れがたまっていた」と口をそろえる。

漁業権についての県との交渉が山場を迎えていた昨年12月末には、「自分の一言が原因で漁業権が更新されなかったら申し訳ない」としきりに心配していて、更新が決まった後も、日頃

漁業権更新をめぐり公益に十分配慮するという小国川漁協としての考え方をまとめた文書を県側に手渡す沼沢勝善組合長（右）＝2013年12月23日、県庁

「朝日新聞」2014年2月12日

持つ山形県の担当部局の幹部が、再三にわたって小国川漁協を訪れ、ダム建設に同意することを、陰に陽に強く求めていました。

その根拠とされたのが、「共同漁業権漁場計画」に示された「公益上必要な行為に対しては、十分配慮しなければならない」という一項です。県は漁業権の更新の認可権を盾に「ダム建設容認」を迫る恫喝まがいのことをしているとの批判が、地域や県内の多くの方から起きていました。

結果として、先の一項を認めるかたちで、漁業権は更新されました。

ダム本体工事を急ぎたい県は、漁業権更新後にダム建設問題について漁協との協議会を持つことを迫り、協議が進むなかで、沼沢組合長はなお、漁業権が取り消されるのではないかと恐れていました。彼は県のやり方と担当者への不信感と恐怖感にさいなまれていたと言われています。沼沢さんの死後、小国川漁協は、ダム容認派の新組合長の下で「ダム建設同意」を総会で決議し、今日に

至っています。

表紙写真にある美しい渓谷は今、無残に破壊され、図3の写真（12ページ）のように本体工事が始まってしまいました。

私たちは流域住民の生活と文化を育み、山形県民の宝である清流・最上小国川を守り、沼沢勝善・前小国川漁協組合長の遺志を継ぎ、次世代に引き継がなければなりません。

私たちはこのブックレットによって、最上小国川ダム計画の問題点、およびダムによらない治水対策が可能であることを明らかにすることを目指しました。特に、最近全国各地で計画されている治水専用の「穴あきダム（流水型ダム）」による自然破壊の危険性について、世に問うものです。

全国でダム問題、とりわけ「穴あきダム」による自然破壊と、ダムによらない治水対策に関心ある方々に、一人でも多く手にとって読んでいただければ幸いです。

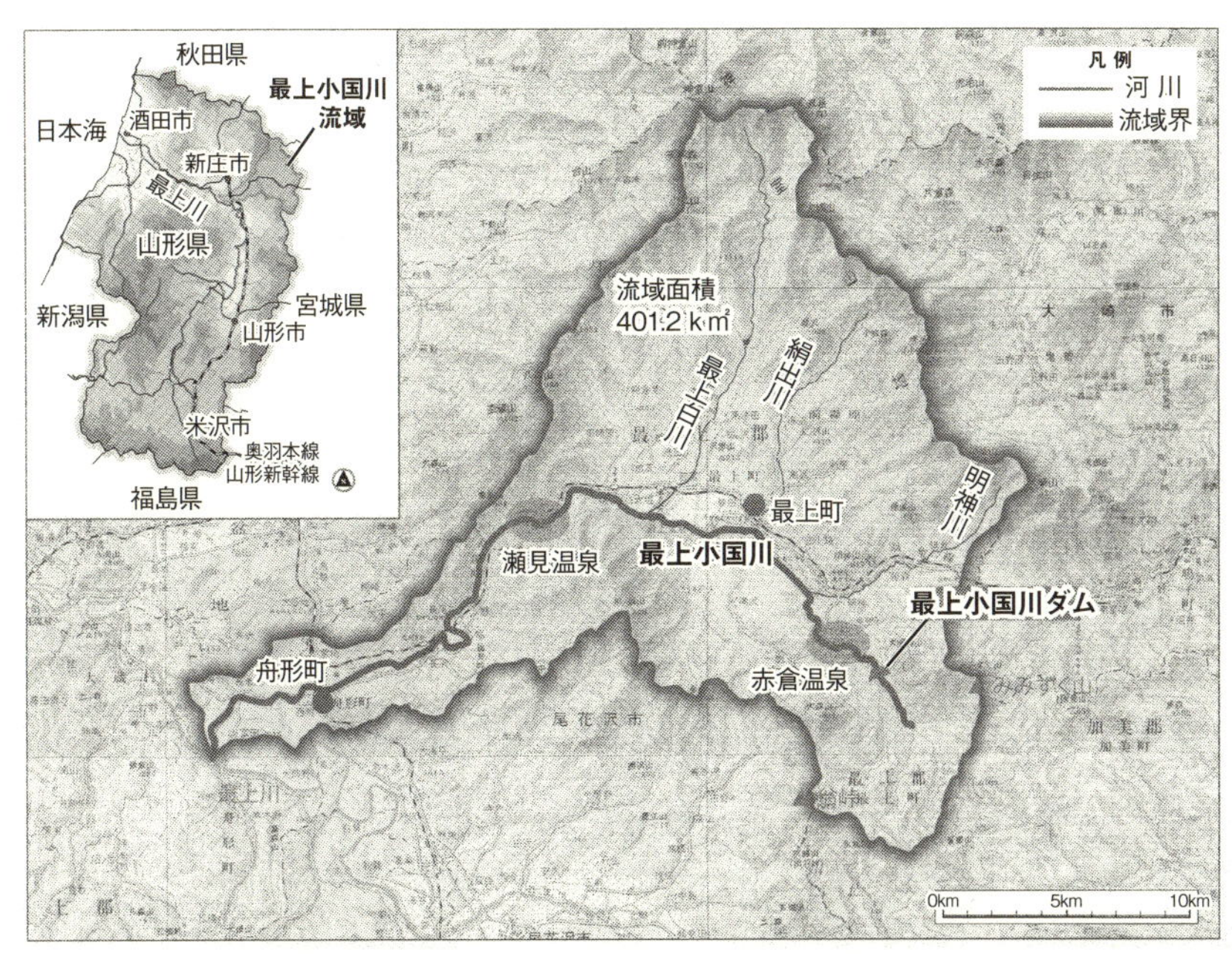

最上小国川ダム周辺地図

最上小国川ダム完成予想図（山形県「最上小国川ダム」パンフレットより）

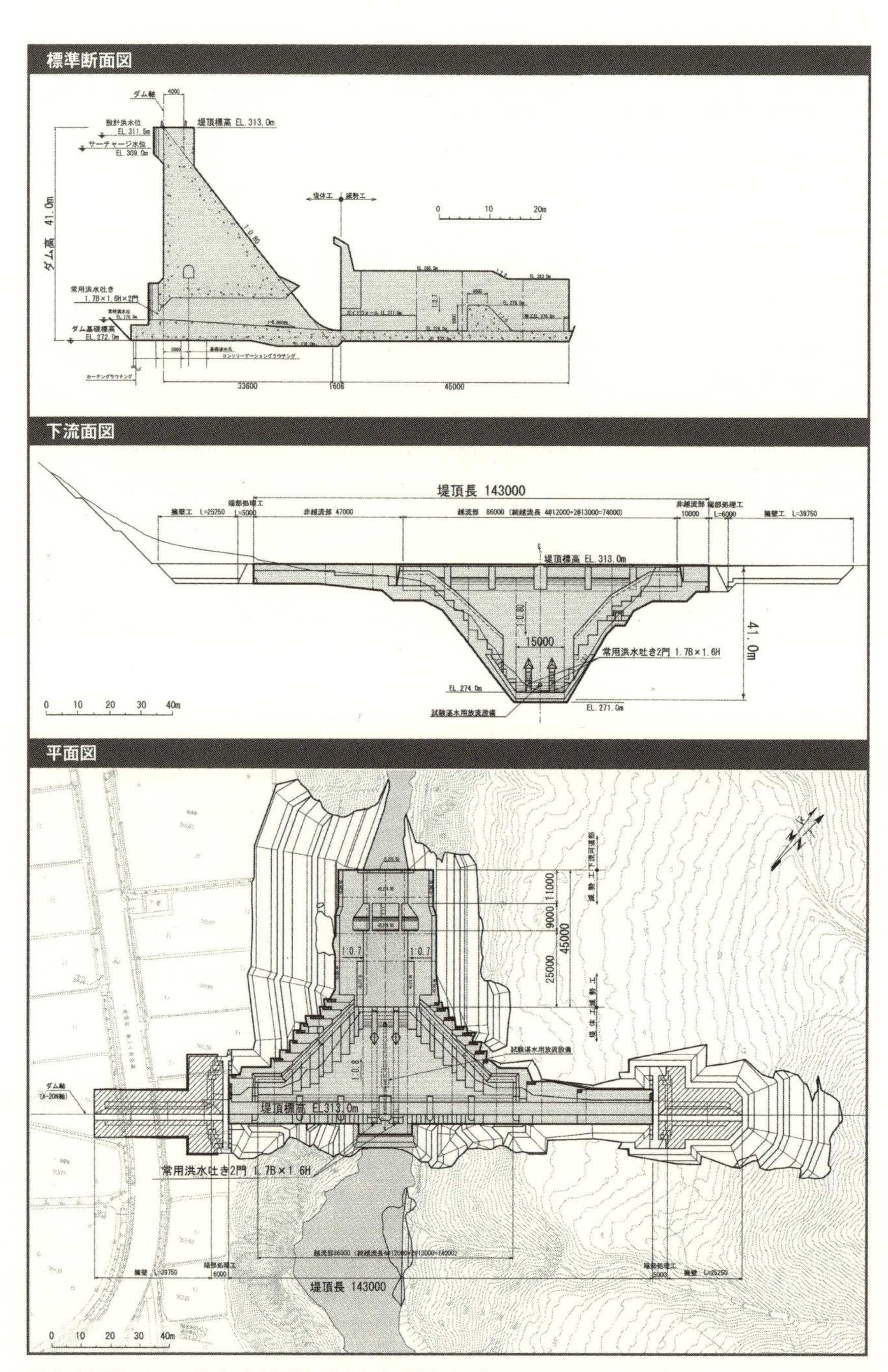

最上小国川ダムの構造（山形県「最上小国川ダム」パンフレットより）

第Ⅰ部

最上小国川のめぐみ
――清流と温泉と水害

多くの釣り人が訪れる最上小国川の鮎釣り

1　最上小国川の地理、歴史、自然環境

最上小国川は、最上町南東部の山形─宮城県境の奥羽山脈を源流として、赤倉温泉を通過して向町盆地を西に進み、瀬見温泉を抜けて新庄盆地に入り、舟形町で最上川と合流します。流路延長三九km、流域面積四〇一・二km²の一級河川です（図1）。天然鮎の釣れる清流として全国的に有名で、明治天皇巡幸の折には「松原鮎」として献上されたこともあります（コラム参照）。

周りを山々にかこまれている向町盆地は、太古の火山活動によりできた円形のカルデラ地形（向町カルデラ）となっています（図2）。もともと火山活動によりできた地形のため、周辺に赤倉温泉、瀬見温泉があるのもうなずけます（同図●印）。東の禿岳（かむろだけ）と西の八森山を通る外輪山の直径は約一五kmにもなります。

赤倉温泉は慈覚大師円仁の開湯伝説があり、江戸時代の古文書にはすでに湯治場として定着していたことがうかがえます。一九一七（大正六）年の陸羽東線古川─新庄間の全線開通はこれに拍車をかけ、多くの湯治客でにぎわいました。しかし、近年ではスキー客等の減少で客数が減ってきており、景観や地元の食材などによる特色ある集客戦略が求められています。一方の瀬見温泉には、源頼朝の追手をのがれて平泉をめざしていた義経一行が発見したという伝説があり、古くから新庄の奥座敷としてにぎわってきました。

ダム建設地（図1、2の▲印）周辺の地層は約七〇〇万年～一七〇万年前に爆発的噴火により高速

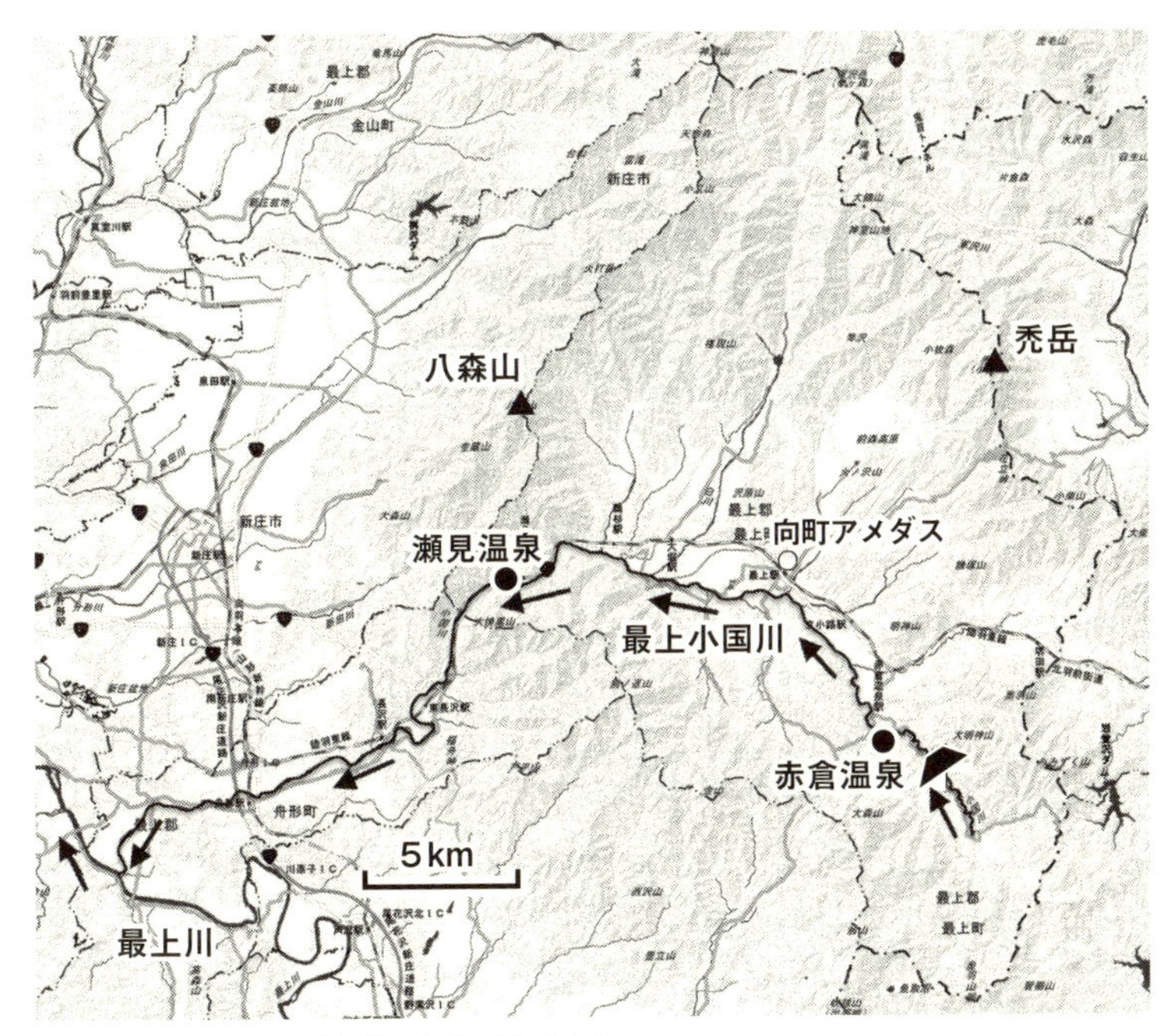

図１　最上小国川流域（国土地理院より）

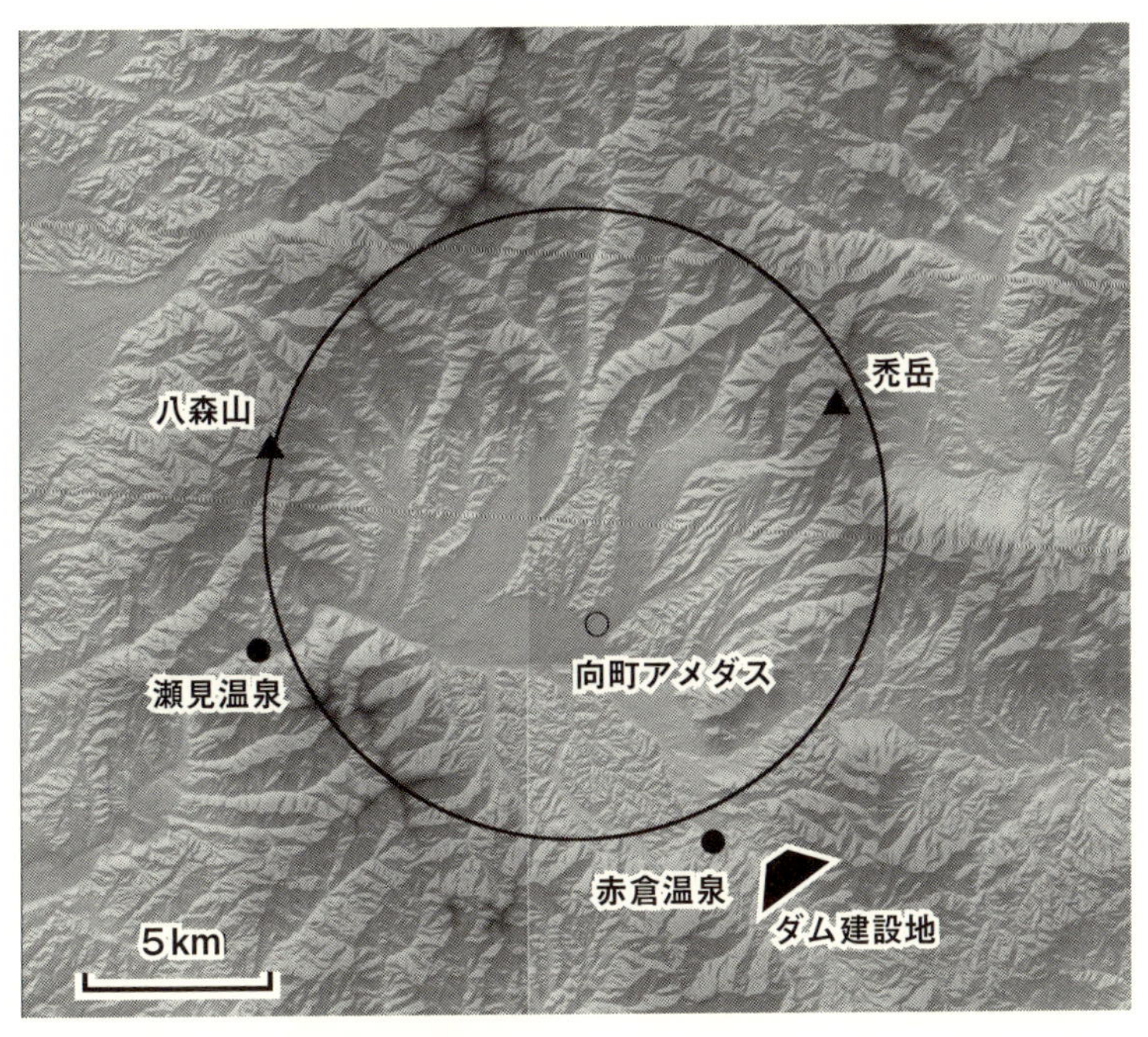

図２　向町カルデラ（国土地理院より）

図3　ダム建設現場（2017年7月）

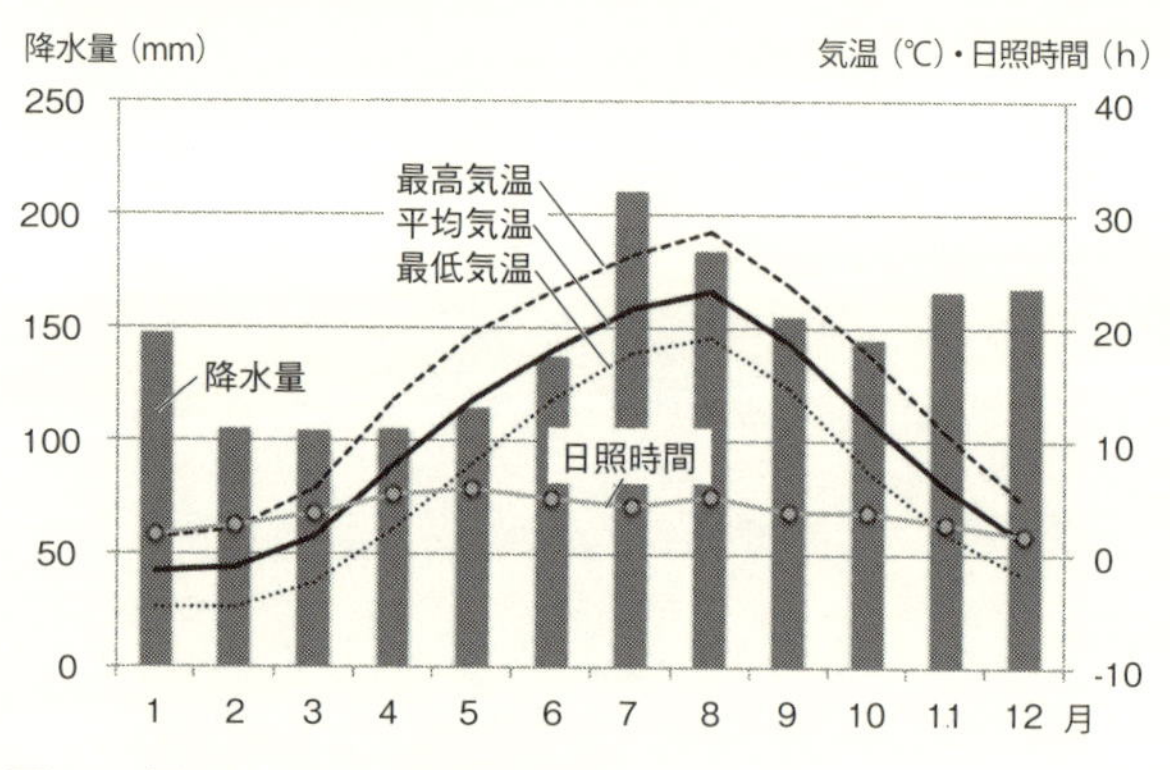

図4　向町アメダスの平年気候値

で流れ下った軽石や火山灰（火砕流）で出来ています（産業技術総合研究所より）。ダム建設地に流入する大穴沢、矢柏沢の上流域には複数の地すべり地形が確認されています（防災科学技術研究所より）。

重機により削り取られたダム建設現場（図3）の基礎岩盤は角礫凝灰岩からなります。地形的には急峻で深い渓谷部が連続するような、「ダム適地」とは言えない場所に無理やりダムを建設しようとしています。

最上町のほぼ中央にある向町アメダス（図1、2の○印）の年降水量（平年値、以下同様。気象庁より）は、約一七〇〇㎜で、うち一一月～翌年四月の冬季の降水量が四六%を占めます（図4）。月降水量の最大は梅雨時の七月の二一〇㎜、最小は三月の一〇四㎜です。最大積雪深は一二六㎝で、豪雪地帯になります。

年平均気温は一〇・一℃で、夏の最高気温は二八・五℃、冬の最低気温はマイナス四・七℃です。一方、日降水量の最大は一三二㎜（二〇一五・九・一〇）、第二位一二二㎜（二〇一一・六・二三）、第三位一二〇㎜（一九八三・七・二六）となっています。第一位と二位が温暖化傾向の顕著になってきた近年に発現していることも気になるところです。

なお、最上小国川の上流域にあたる赤倉地区では、二〇一五（平成二七）年九月一〇日に一七九㎜の二四時間雨量が実測されています。このときの最大一時間雨量は四七㎜でしたが、二〇一七（平成二九）年七月の九州北部豪雨のように、近年では一時間雨量が一〇〇㎜に達するような集中豪雨が各地で発生しています。最上小国川の上流域で過去に例のないような大雨が発生した場合、第Ⅲ部で述べるように、赤倉地区の河川改修による最大流下能力の増大を図ることを怠り、穴あき（流水型）ダムの洪水調節だけに頼ることは極めて危険な選択であるといえます。

最上盆地の東側にある山々は、ほかより少し低くなっていることから（図2参照）、夏にオホーツク海気団より吹く冷たく湿った東風「やませ」の影響を受けやすく、一九九三（平成五）年に襲った「平成の大冷害」では、米の収穫がほぼ全滅状態になったほどです。アスパラガスが最上町の特産になったのも、このような冷涼な気象条件が適していたためです。

コラム　最上小国川のほとりで――瀬見温泉で幼少期から見聞きしたこと

三井和夫

温泉・水害

最上小国川の中流にある瀬見温泉は、両岸に山が迫る渓谷沿いにあります。出土する石器などから、人々の暮らしは古代から川と温泉に深く結びついて、現代まで続いてきたものと想像されます。

江戸時代、新庄藩主の湯治場として種々の施設が設けられ、明治以降は村山・最上地域第一の賑わいをみせてきた温泉場でした。しかし、大正初期の一九一〇年代までは、数年ごとに水害に悩まされてきた記録があります。温泉街の被害は毎度のことで、対岸を繋ぐ橋が支えきれずに破壊された時には、我が家も一緒に流されました。流れ着いた箪笥の中に金鵄勲章（もと武功抜群の陸海軍人に終身年金と共に下賜された勲章）があったことから我が家のものと判明、下流の人が持って来てくれたこともありました。

その後は道路も橋もだんだんに嵩上げされて、ここ数年の豪雨でも、低い温

泉側の堤防にも一～二メートルの余裕があります。

砂防堰堤の影響

大正年代から小国川を堰き止める低い堰堤があったのは、発電所の取水口と三光堰の取水口、長沢の

内山の堰堤くらいではなかったかと思います。沢や谷にも砂防堰堤がなかったので、少し大きな降雨でも大型の石が動いて流れました。砂や砂利の溜まる所は少なく、河原の私たち子供らの遊び場も狭く小さく限られていました。現在のように草木がいたる所に生えている川の光景とは全く違っていました。

川床が少しずつ下がるのは、自然の川の姿でしょうが、当時は水面すれすれに在った岩が今では一メートルほども突き出ているのを眼にします。こんなに急速に川床が低下するのは、山間に砂防堰堤が出来たことで上流から砂礫の供給が減少したためだろうと思います。

松原鮎

舟形町と最上町の境界から舟形町へ下流一キロほどの所に、山の頂から麓まで松の木が多く茂り、「桧原松原」という地名が残っています。小学五年だった昭和一三年は豊漁だったせいか、父は初めて鮎釣りに連れて行ってくれました。午後からだったと思いますが、九匹も釣れたのは忘れられない思い出です。それが松原の地で、当時は松原の流域が小国川を代表する最も好い漁場だったので、松原鮎の銘柄が付けられたということです。

瀬見駅に限りませんが、国鉄時代には貨物専用の線路とホームがあり、大きな貨物倉庫がありました。鮎が簗に落ちる頃、地元でさばき切れない時には樽に鮎を詰めて氷水で満たしこれを数個貨物列車に載せて、東京の築地市場に松原鮎の名で運ばれました。一部は宮内庁がお買い上げになるという話も聞いたことがあります。

夜鰍突き

これも戦後まで続いた事ですが、日暮れから箱眼鏡とカンテラの灯をかざしてヤスで鰍（かじか）を捕らえていました。川を下り漁をして夜半過ぎ帰り、串に刺して炭火で焼く。翌朝、温泉通りの朝市などで販売するのです。これで細々と一家の生計が立てられたものです。夜鰍突き（よかじかつき）と言っていました。

2　最上小国川の鮎と小国川漁協

沼沢小国川漁協組合長の信念

「最上小国川は、ダムのない川であるが故に、『清流小国川』として広く知れ渡り、最上町と舟形町のかけがえのない観光資源であり、流域の人々に計り知れない多くの恵みをもたらしていることは誰もが認めることであります。

小国川漁業協同組合は、川に生息している魚族の生態系を守ること、及び繁殖保護に努めることを使命として、永年努力しております。ダムが造られれば、これまでの自然環境に変化を及ぼし、特に河川の生態系に悪影響が及ぶことを回避することはできません。

生息している魚族の生態系を守り、これらの増殖保護を行いながら良好な漁場を維持していくことを使命とし、豊かな自然環境を後世に引き継ぐため努力している私ども小国川漁業協同組合は、ダム建設を看過することはできないのです。

小国川の魚種は、質、量とも一級品として多くの人々から認められ、自然豊かな素晴らしい川として羨望され、たくさんの釣り人が訪れるのです。恵まれた自然環境は、人の手によって造られたものではありません。多くの豊かな漁場があり『清流小国川』として広く世間に認められている大きな観光資源を未来に引き継ぐためにも、最上小国川の治水対策はダムによらない対策を要望します」

これは二〇一三年一二月に「協議に応じなければ漁業権剥奪か」と思わせる県の脅しの末、二〇一四年一月二八日に再開された県との協議の中で沼沢勝善元小国川漁協組合長が最後に語った言葉です。沼沢さんは一九九七年から六期一八年にわたり組合長を務め、理事、幹事などをあわせると三七年間、漁協役員として尽力されてきました。協議の中で沼沢さんはあくまでダムによらない治水を求め続けていました。

自前の稚鮎増殖事業でブランド守る

小国川漁業協同組合は一九四九年一一月八日法人設立。以来七〇年近く漁業振興や遊漁の発展に努め、組合員約一〇〇〇名の内水面漁協です。

最上小国川の鮎

山形県内の河川では、全国的に同様ですが、縄張り意識が強く友鮎釣りに最適とされていた琵琶湖産の鮎を放流するのが主流で、最上小国川もかつてはそうでした。しかし沼沢組合長はある時、業者が持ち込んだ活きの悪い琵琶湖産鮎を見て、「ダメだ。冷水病が小国川にひろがったらどうするんだ。全部持ち帰ってくれ」といって受け入れなかった時がありました。それから、最上小国川産の鮎から孵化させた稚鮎を放流する鮎増殖事業を県水産試験場、栽培漁業センターと始め、現在も続いています。

九月半ばから一〇月末まで親魚を捕獲し、三月から最上小国川沿いの中間育成施設で飼育され5月の連休明けに放流されます。中間育成施設に鮎が運ばれてから、沼沢さんは鮎の生育状態を気にして、よく奥様を連れ、時には深夜も見守りをしていたそうです。

現在、小国川をはじめ山形県内の河川には、日本海からの天然遡上の鮎か、小国川漁協で育てられた準天然といえる鮎しかいません。冷水病の心配は皆無で、遺伝的な多様性を守ることにも貢献していると評価されています。県内水面漁業全体を支える県内産鮎種苗事業を支えているのが小国川漁協であり、尽力したのが沼沢さんでした。

沼沢さんはその人柄を慕う人脈を通じて、大手釣り具メーカーと折衝して鮎釣り大会を誘致しました。毎年七月一日の解禁日を迎えると毎週のように全国大会や東北大会などが開かれ、全国から釣りファンが訪れます。釣りファンからは次のような話をよく聞きます。

岩手県気仙川沿いに在住の方は、「小国川は友鮎釣りには間違いなく東北一の川、全国でもトップクラス。変化があり水もきれいだ、川を支える山の状態もいい。雨が降っても次の朝には濁りが澄んで釣りができる。実に貴重な川ですよ」。福島県から来て、毎年一ヶ月程度赤倉などに滞在している方は、「とにかくここの鮎は美味しい。親戚、友人に配っても大変喜ばれる。だから来てしまうんです」。

さらに小国川漁協は、鮭の有効利用調査を目的とした鮭釣りにも取り組んでおり、こちらも好評です。サクラマスやヤマメ、イワナの魚影も濃く、釣り人は年中訪れます。

小国川漁協として「ダムによらない治水対策」を求める

小国川ダムの事業がもちあがり、二〇〇一年頃に始まった「最上川流域委員会小委員会」や「懇談

沼沢勝善前組合長

国土交通省への要望

会」の冒頭から、沼沢さんはダムによらない治水対策を、ダム推進論者多勢の中で堂々と語り続けてきました。しかし、あまりにもダムありきの協議と感じ、「委員会小委員会」の委員を辞退しました。沼沢さんはダムによらない治水の論拠を求めて、新潟の水害現場を大熊孝・新潟大名誉教授と共に歩き、今本博健・京大名誉教授と小国川を歩きながら河川工学の話を真剣に聞き入り、自分の言葉にされてきました。国会にも足を運び、前田元国土交通大臣にも小国川の貴重さとダム反対を訴え、漁協は二〇〇六年一一月一九日の臨時総代会でダム反対を決議しました。

「穴あきダムと言えども万全でなく、川を殺したり自然を破壊した例も報告されている。そんなことになったとしたら、子や孫になんと説明するのですか。また、緑豊かな自然を求めて県内外から訪れる人が来なくなったら、赤倉温泉や瀬見温泉の行く末が憂慮されるのであります。（途中省略）穴あきダムを計画している関係各位に、英知を結集して自然を守り、温泉地の末永い繁栄と洪水から人命と財産を守り、子や孫に負の財産を残さない、穴あきダムによらない方策を打ち出して下さるよう、切に切にお願いを申し上げて大会決議と致します」

当時の小国川漁協発行のチラシには、「小国川の治水対策は、ダムではなく河川改修で！」と大見出しを付け、「私たち小国川漁協が考える治水案は赤倉温泉の整備と河川改修とをセットで行う方法です。小国川の川幅を広げ、赤倉温泉の安全を確保しながら魅力的な温泉街を新しくつくる。ダム建設では、その工事は大手ゼネコンに持って行かれますが、この案なら地元も潤います。ダムのない治水に方向転換されればそれだけで全国的な話題になり、赤倉温泉の大きなＰＲになります。そして、決断を下した自治体の長や行政担当者は社会の大きな評価を得ることになるはずです」とあり、流域住民に語りかけています。

沼沢組合長や漁協への不当な圧力

県は二〇〇八年度政府予算案の概算要求資料の中で、漁協の理事・監事一四名の氏名を挙げ、それぞれについて「ダム反対派」か「ダム賛成派」を色分けした資料を、本人の了承を得ないまま国土交通省に提出していました。沼沢組合長は「役員を賛否で色分けすることは、組織介入であり、分断化、弱体化を図るものでとんでもない話だ」と県に強く抗議しました。

また「はじめに」でも記したように、二〇一四年、県は一〇年ごとに更新される最上小国川の漁業権の更新を楯に、二〇一三年春からダム協議に応じるよう、元県職員や地元県議の組合役員と共に陰に陽に、漁協役員の懐柔を始めました。

その結果、沼沢さんはダム建設に関する県との協議会に出席せざるを得ない状況に追い詰められ、心労が重なり自死しました。私たちに「ダムによって川の力を失ったら漁業振興などなりたたない」という言葉を残して。

一部の漁協幹部による「漁業補償放棄」とおかしな「四者協定」

二〇一四年六月八日、小国川漁協の総代会が開催され、ダム賛成が五七票、反対が四六票でした。漁協の定款には「漁業権またはこれに関する物件の設定、喪失または変更については三分の二以上の多数による議決を必要とする」とあります。ダム賛成は三分の二を下回っていました。しかし一部漁協幹部の主導のもと、九月二八日に臨時総代会が開催され、「最上小国川流水型ダム建設承認の件」と「ダム建設に伴う行使規則並びに遊漁規則の一部改正承認の件」について、不当なやりかたで強行決議されました。それは、「欠席者には書面または代理人をもって議決権を行うことができる」と定款に定められているにもかかわらず、書面議決書を全総代に送付し強制したことです。また「議案につき賛否の表示のない場合は、賛成の意思表示があったものとしてお取扱いいたします」として保留を賛成とみなす、驚くべきことを行っているのです。その結果、議案は賛成八〇、反対二九で可決されましたが、このやり方は到底認めることのできないものです。

その後、漁協、県、最上町、舟形町の「四者協定」が結ばれました。これは、県が「流水型ダム」を建設すること、その穴詰まり対策を行うこと、内水面漁業・地域振興を図ることをうたっていますが、小国川漁協は、漁業補償を求めないかわりに年間五〇〇万円を一〇年間受け取ることになりました。

二〇一五年二月二三日、県庁で、小国川漁協組合員有志が「漁業法が規定する漁業権を有する組合員の同意なしに、県が漁協と締結したダム建設に関する〝覚書〟は無効だ」と訴えて、県の水産振興課長、河川課長と交渉を行いました。交渉で県側は、漁業法に基づく追及に対し「なぜ組合員の同意が不要なのか」という肝心な質問に、まともに答えることが出来ず、交渉は物別れに終わっていました。

その後、水産振興課長名で送られてきた「回答書」には、平成元年の「川の漁業権は組合員ではなく漁協にある」とした、大分県で争われた裁判の最高裁判決を根拠にして、「県が漁協と交わした〝覚書〟でダム本体工事に着工出来る」と従来の主張を繰り返しています。

組合員有志の「漁業法の漁業権者は漁協ではなく組合員だ、ダム建設には組合員の同意が必要だ」という主張について、漁業法の規定による山形県としての判断を回避したまま、「他県の裁判の判決と同じだから問題ない」と主張しました。まともな法律論争を行うと不利になると見た県側が、法律論争から逃げて他県の裁判判例を唯一の根拠にし、漁協との〝覚書〟を正当化したものです。

3　鮎は優秀な「自然資本」

最上小国川は型も味も評価の高い天然鮎の釣りを楽しみに、年間三万人の釣り人が訪れ、年間一億三〇〇〇万円の売上げがあるといわれています。その中でも毎年七月に開かれる「若鮎まつり」には、二日間で二万四〇〇〇人が訪れます。まさに鮎は、確実に流域に経済効果をもたらしている優秀な自然資本と言えます。この価値をなんとか分かりやすく示せないものかと考え、近畿大学農学部の有路昌彦教授に調査を依頼しました。

鮎釣り風景

鮎の経済効果は「年二二億円」

有路研究室では若鮎祭りや各種釣り大会でアンケート調査を行い、これをもとに最上小国川で鮎釣りをするために支出した費用の総額を試算しました。その結果、鮎釣り客による経済効果は直接効果だけでも年間約二一・八億円とわかりました。

調査に当たった有路教授は、「この全国屈指の清流と鮎は今後の流域のまちづくりの経済を担う試金石です。経済学の見地から見ればダム建設投資は新しい価値を生み出さず、長期的に見れば流域経済にとってマイナスです」と言及されました。

環境悪化すれば年一〇億円の損失

しかも、何らかの理由で河川環境の悪化や鮎資源の劣化が生じた場合、鮎釣り客がもたらす経済効果のうち、年間一〇億円、一〇年で一〇〇億円規模の経済損失が流域に発生することが考えられると指摘しました。

山形県は二〇一〇年度に実施した「ダム事業再検証」の中で、ダム案による環境破壊が地域経済に及ぼす悪影響について、全く検討していません。これを考慮すれば、ダム案と河道改修案の比較評価が逆転します。二〇一一年九月、山形県議会で草島県議がこの調査結果を踏まえ質問すると、県知事の見解は、ただ「穴あきダムは鮎等への影響は小さい」というものでした。

もはやダムのない川が少なくなっている日本の河川環境の中で最上小国川は、歴史的な評価、社会的な評価、希少性、固有性、本物性という観光に適した五つの要件をどれも備えている優秀な自然資本といえます。観光立県を掲げ、インバウンド戦略に躍起になっている山形県だからこそ、この価値は益々高まっていくと思われ、この価値を損なうダム計画は中止して河道改修による治水対策に変更する必要があります。

4　最上小国川流域の水害の実態――無視された内水被害

最上小国川流域の洪水被害記録

県と町が作成した「最上小国川の洪水被害記録」によれば、表1のとおり一九五六（昭和三一）年から二〇一五（平成二七）年までの六〇年間に一三回の洪水被害が記録されています。そのうち、一九七四（昭和四九）年七月以降の水害は、最上小国川の最上流部の本川沿いにある赤倉温泉と、その下流の支流に集中していることが分かっています。

詳しい記録が分かる一九九〇年代以降の被害発生箇所は、すべて赤倉温泉が関連していますが、人命が失われるような被害は発生していません。

この洪水被害記録には外水氾濫だけでなく、「内水氾濫」による被害を含んでいることは明らかです。特に、二〇〇二（平成一四）年～二〇一五（平成二七）年の最近五回の赤倉地区の水害は、内水氾濫と外水氾濫が同時に起こっています（「内水氾濫」・「外水氾濫」については34ページ参照）。

表１　最上小国川の洪水被害記録

年号	月日	記録
1956（昭和31）年	8月5日	日雨量200ミリを越す集中豪雨で町の交通が断絶する
1967（昭和42）年	7月28日〜29日	60年振りの集中豪雨で3億円の被害
1969（昭和44）年	7月26日〜8月2日	一週間続きの豪雨で267ミリの総雨量を記録、被害甚大
1969（昭和44）年	8月6日〜9日	4日間の集中豪雨で総雨量325ミリを記録
1974（昭和49）年	7月31日〜8月1日	総雨量370ミリの集中豪雨となり、全壊1戸、半壊2戸、床上浸水61戸、床下浸水278戸、道路欠損27箇所、堤防決壊130メートル、橋梁流失18箇所、農地の流失・冠水700ヘクタール、被害額23億円
1987（昭和62）年	8月28日	集中的な大雨により赤倉最上荘付近一般住宅床下浸水3戸の被害
1994（平成6）年	9月30日	台風26号の通過により、床下浸水6戸、水田法面一部崩壊1箇所、河川堤防決壊5箇所、法面崩壊1箇所、被害額0.5億円
1998（平成10）年	9月16日	台風5号による集中豪雨で最上小国川及び支流が氾濫、数カ所で堤防が決壊、赤倉温泉街では旅館など床上浸水11戸、床下浸水7戸の被害が出て地区住民や旅館宿泊客が避難する事態となった。被害額1.5億円
2002（平成14年）	7月11日	梅雨前線を伴った台風6号により最上小国川で5箇所、支流河川で22箇所護岸決壊や護岸洗掘、赤倉温泉街では旅館など床上浸水11戸、床下浸水7戸の被害が出て地区住民や旅館宿泊客が避難する事態となった。被害額1.5億円
2004（平成16）年	7月17日	梅雨前線による豪雨により最上小国川及び支流河川で数十箇所の護岸決壊等発生。被害額2.9億円
2006（平成18）年	12月26日〜27日	季節はずれの豪雨（総雨量111mm）に加え、融雪が重なり床上浸水2戸、床下浸水6戸の被害
2009（平成21）年	10月8日	台風18号による洪水で、床下浸水3戸の被害
2015（平成27）年	9月10日〜11日	関東・東北豪雨（赤倉総雨量201mm、時間最大47mm）による洪水で、赤倉地区では床上浸水18戸、床下浸水8戸の被害。町内全域に避難勧告、赤倉地区に避難指示が発令された

2006（平成 18）年 12 月の洪水状況

河川にせり出した温泉旅館と砂礫の堆積で浅くなった河川

たびたび水害をうけてきた最上小国川流域にあって、とくに赤倉地区の水害発生頻度が高いのは、土地利用のあり方と密接に関連しています。赤倉温泉は、河川敷内に湧出する温泉を利用するために、水害の危険があり安全な土地ではないことを承知で、河川に最大限接近して温泉街をつくった結果、水害に弱い街がつくられた歴史があります。このことは写真から、温泉旅館が河岸に張り出し川幅を狭くしたうえに、川底が浅いことで水害が発生しやすくなっていることが分かります。

最上小国川ダム計画の目的は、赤倉地区の水害対策だけである

「最上小国川ダム事業の検証に係る対応方針報告書」（二〇一一年二月）は、「最上小国川の治水対策については、これまで中流の下白川地区や下流の舟形地区において河道改修が実施されてきたが、昭和四九年の水害を契機に、長沢地区、瀬見地区などで河道改修がすすめられ、舟形町では抜本的な治水対策は完了している」と説明しています。つまり下流部の主要な市街地の治水対策は、河道改修によってほぼ完了しているということです。

山形県が、二〇一二年三月に発行した最上小国川ダムのパンフレットにも、「ダムの目的」は「赤倉地区住民の人命と財産を守るため」であるとして、赤倉温泉の六枚の洪水状況写真が掲載されています。また、山形県知事はじめ県や町の幹部は、機会あるごとに「赤倉地区の安全安心のためのダム計画である」と述べていました。

県が作成した「ダム計画書」によれば、ダム建設によって赤倉地区下流にもダムによる洪水流量調節効果が及ぶとされています。しかし、赤倉温泉の下流部で流下能力が基本高水流量を下回る箇所の周辺は大部分が農地であり、河道改修によって容易に流下能力を確保できる箇所ばかりです。県は赤倉温泉の下流について、ダムによる治水対策の必要性を全く説明していません。

最上小国川ダムは、事実上、赤倉温泉の水害対策のためのダム計画であることは明らかです。したがって、赤倉温泉地区の水害原因を明らかにして、これに対応した適切な対策をとれば、ダムによらずに水害を防止することが出来ます。

赤倉温泉の水害原因

第一の原因は、「河道改修が遅れたこと」です。

26ページ右上の写真から明らかなように、かつて河川の氾濫源であったところに、温泉旅館が進出してしまったことがそもそもの原因です。

最上小国川の赤倉温泉地内の右岸堤防が造られたのは二〇〇三（平成一五）年度であり、それ以前の水害は堤防のない箇所から洪水時に浸水したことによる被害でした。堤防が構築されている現在は、このような浸水被害は生じないのです。このことは、地元の最上町長らから県あてに提出された要望書に「平成一六年七月一七日に平成一〇年の台風五号と同程度の集中豪雨があったが、河川改修の効果により災害から免れた」と述べられていることからも分かります。築堤等の河道改修の効果を地元の方はよくわかっています。

温泉旅館、現在の姿

大正時代の赤倉温泉

コンクリート固定堰。河岸の源泉湧出を増やす役割がある

下流から見た川と温泉街、川に張り出した温泉旅館と左岸堤防。砂礫の堆積がみられる

右下の写真は、左岸側の無堤防区間の平常時の温泉旅館付近を対岸から撮影したものですが、河床と宅地の高低差はわずか一mしかなく、河川の水位が一m程度上昇するだけで、温泉旅館の敷地に河川水が浸水する状況で放置されていることが分かります。

県は堤防のない部分からの浸水を、外水被害だと強調しているにすぎません。河床に溜まった砂礫を除いて川底を深くして堤防を築けば、ダムを造らなくても、外水による被害は簡単に防ぐことができます。

第二の水害原因は「違法な『堰』による砂礫の堆積」です。

赤倉温泉地内の最上小国川には、温泉の湧出を安定させるために、低水時の河川水位を上昇させる目的でつくられた「コンクリート固定堰」があります。県は「堰」ではなく、「落差工」だと主張しています。しかし、構造と機能は明らかに「堰」であり、こうした場所に「固

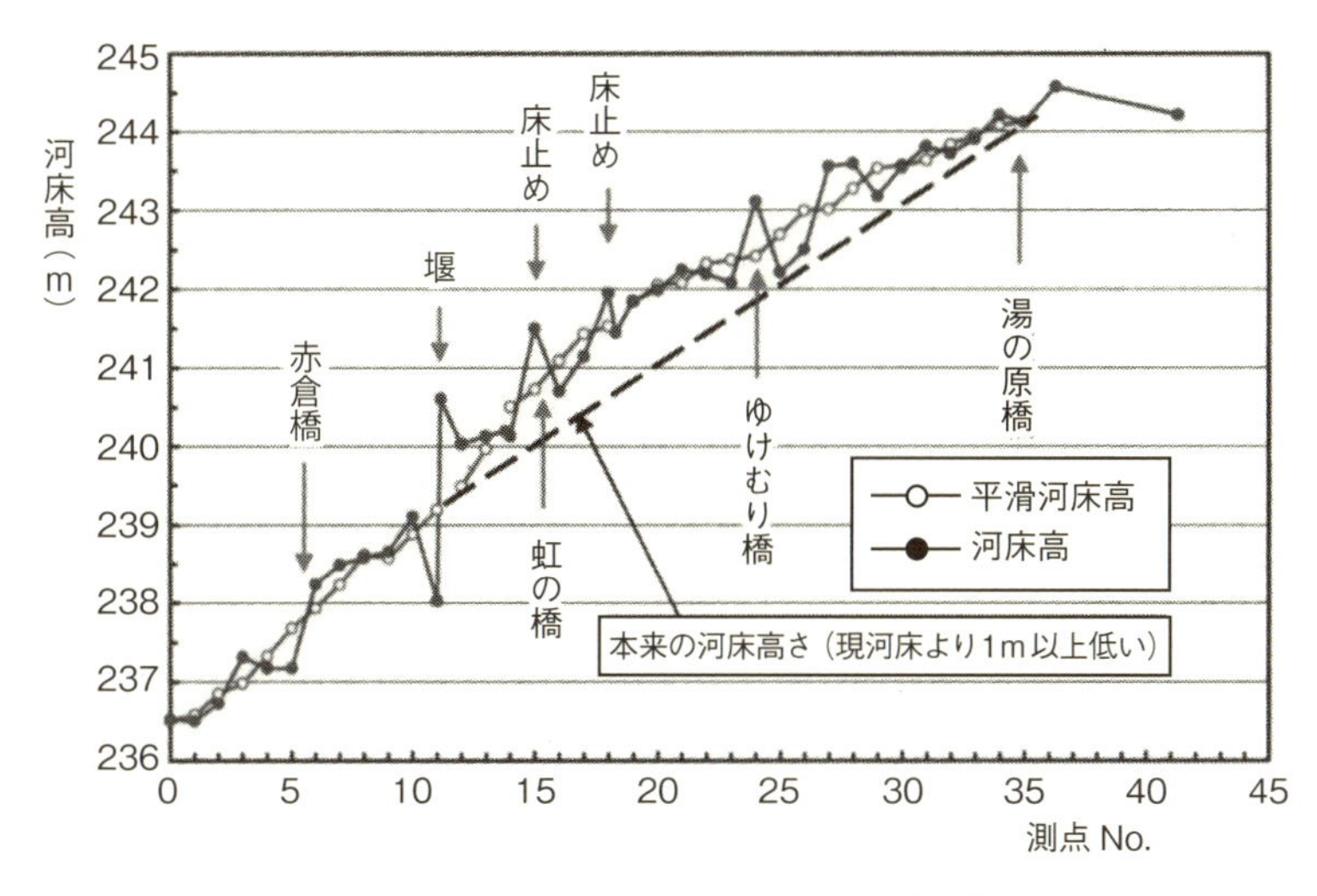

図5　最上小国川・赤倉温泉地内の河川縦断図（筆者作成）。「堰」から上流部の河床が上昇していることが分かる

2006（平成18）年12月27日、増水した最上小国川赤倉温泉地内のポンプによる内水排水状況（山形県発行「小国川だより」から）

下流から見た川と温泉街。中央の固定堰から上流の河床が高くなっていることが分かる

定堰」をつくってはならないとする河川管理施設等構造令第三七条に違反する施設です。温泉街下流部にあるこの「堰」によって、砂礫の流下が止められ、赤倉温泉地内の河床が異常に高くなっていることが、水害頻発の大きな原因になっているのです（図5）。

赤倉温泉地内の河床が異常に高くなった結果、川底が浅くなっていることは現地を見れば誰でも気がつくことで、地域住民にとっては水害の原因として懸念してきたことでした。「赤倉温泉地内を流れる川の中州の砂利を撤去し、川の流れをスムーズにしていただきたい」という要望書が町から県に繰り返し提出されています。

県が行った河川測量図をもとに私たちが作成した図5からも、「堰」を境にその上流側に砂礫が堆積して、河床が異常に高くなっていることが分かります。

川底が上昇したことで川が浅くなり、中小規模の洪水でも宅地から川に排水ができなくなる「内水被害」も頻発しているのです。過去の水害記録から分かるように「外水氾濫」が起こらないときも、「内水被害」が発生しており、大洪水のときの「外水氾濫」と同時に「内水湛水」も発生し、水害の被害を大きくしています。

当然のことながら、「内水被害」はダムによる洪水調節で防ぐことは出来ません。「ダムありき」の治水対策を進めてきた県は、「内水被害」を無視して、私たちが指摘するまで対策に取り組んで来ませんでした。

第Ⅱ部

「穴あきダム」は環境にやさしいか

着工前のダムサイト付近

1 「ダムありき」の治水対策

多目的ダムから治水専用ダムへ

山形県は一九九一（平成三）年から三年間、県単独事業によるダム建設に関する予備調査を行った後、一九九五（平成七）年から国の補助事業による「ダム建設実施計画調査」に着手しました。

最初の計画は、治水だけでなく上水道、発電、農業用水などを含む多目的ダムの構想でした。当時の地元の町長などは「赤倉温泉の奥に大きなダムを造り、ダム湖にはボートを浮かべ、ダム湖の周りには桜の木を植えて多くの人が来る観光地をつくる」などと、さかんに演説していました。

この間、多目的ダムによる水質悪化の影響を心配する小国川漁業協同組合や赤倉温泉組合等地域の多くの方々の反対意見などから、多目的ダムの計画を具体化するに至らず、長期間「調査費」だけを使い続けてきました。

それでもダム建設にこだわり、二〇〇四（平成一六）年ころから、「洪水時以外は湛水しないので環境にやさしい」を売り言葉に、治水専用の「穴あきダム（流水型ダム）」建設が表面化しました。

「穴あきダム」とは、ダム本体の河床と同じ高さに常用洪水吐き（穴）を有し、洪水時以外の河川水は貯留せず、洪水時だけ「幅１・７ｍ、高さ１・６ｍ×２門」の常用洪水吐きで流量を自然調節することで洪水のピークをカットする型の治水専用ダムです。

二〇〇六（平成一八）年、最上町は山形県と国に対して「穴あきダム」の建設を正式に要請し、二〇〇七（平成一九）年一月の「一級河川最上川水系最上圏域河川整備計画（変更）」に、治水専用ダム建設計画が盛り込まれました。どうしてもダムをつくりたい県や町は、「環境への影響が少ない『穴あきダム』なら反対できないだろう」という発想で治水専用の「穴あきダム」建設に方針転換したと考えられます。

「穴あきダム」の問題点

私たちは、山形県が計画している「穴あきダム」による治水対策には次のような問題があると考え、反対運動に取り組んできました。

①「穴あきダム」は常時湛水しないとされていますが、類似構造の砂防ダムに土砂が堆積し湛水していることからも分かるとおり、土砂と有機物の堆積によって水質が悪化することは避けられません。洪水のピークカット（流量調整）による流況の変化と濁水時間の長期化が、下流の鮎をはじめ河川生物の生育環境を悪化させます。また、土砂と

表2　最上小国川ダム計画諸元

貯水池諸元

集水面積	37.4km²
湛水面積	0.28km²　※サーチャージ水位時
総貯水容量	2,300,000m³
有効貯水容量	2,100,000m³
堆砂容量	200,000m³
設計洪水位	EL.311.5m
サーチャージ水位	EL.309.0m
常時満水位	EL.276.0m

ダム諸元

位置	山形県最上郡最上町大字富沢
河川名	一級河川 最上川水系 最上小国川
形式	重力式コンクリートダム
目的	洪水調節
堤高	41.0m
堤頂長	143.0m
堤体積	39,800 m³
堤頂標高	EL.313.0m
堤体法勾配	上流鉛直　下流 1：0.80
堤頂幅	4.0m
常用洪水吐き	幅 1.7m×高さ 1.6m　2 門（オリフィス・自然調節）

流木による、常用洪水吐閉塞の危険性がきわめて大きいことです。

②最上小国川全体に改修工事が進んできている現在、治水の対象は赤倉温泉に限定されています。赤倉温泉街の洪水の危険性は、河道改修により十分防止可能です。

③赤倉温泉地区の水害の多くは、河川水が堤防等を越える外水氾濫ではなく、周辺から集まってきた水が、最上小国川に排水できなくなることで起きる「内水被害」です。内水による被害は、ダムでは防げません。

④ダム建設は、ダム本体を受注する企業には大きな利益をもたらしますが、地元の町や温泉街の活性化にはつながりません。

コラム　穴あきダム（流水型ダム）のルーツは？

清野真人

近年、利水目的のない治水専用ダムの場合、河床と同じ高さに一定の大きさの穴（常用洪水吐）を設け、平常時は貯水せず、洪水時のみ洪水流量を一時貯留することで洪水流量を自然調節する形式のダムの事例が、全国に見られるようになっています。この形式のダムは、数年前まで「穴あきダム」と呼ばれてきましたが、最近になって「流水型ダム」と呼ばれることが多くなっています。山形県も途中から呼称を変え、「最上小国川流水型ダム建設事業」などと称しています。

私たちはこの呼称に疑問を持ち、「流水型ダム」とは呼ばないようにしています。『広辞苑』（第6版）によればダムとは、「発電・利水・治水などの目的で水をためるために、河川・渓谷などを横切って築いた工作物とその付帯構造物の総称」とされています。そもそも「水をためる」機能と「流水」とは相反する概念ですが、最上小国川ダムは洪水時に流出量を制限して、一時的にせよ「水をためる」機能を有するのですから、「流水型ダム」の呼称は、計画のダム機能と矛盾した用語になります。「流水型ダム」の呼称は、ダム建設にかかわる事業者などが好んで用いることが多い一方で、「穴あきダム」という呼び方も通称です。つまり、この型のダムを示す呼称は、現在のところまだ確定していないことと、「穴あきダム」の呼称は「流水型ダム」のような矛盾がなく、この型のダムの特性を端的に示した住民にもなじみのある呼称（通称）であり、用語として適切であると考え、私たちはあえて「穴あきダム」の呼称にこだわっています。

「穴あきダム」は、平常時は貯水しないことから、従来の貯水型・多目的ダムに見られるような貯水池内での水質悪化や水温低下など、河川環境に与える悪影響が軽微とされ、「環境にやさしいダム」のキャッチコピーをダム推進の方々が好んで使っています。

旧建設省・土木研究所ダム部長から建設コンサルタント会社社長となって、最上小国川ダムの調査・設計にも携わった藤本成氏は、「ダム管理の合理化・省力化が可能となるよう配慮することが必要とされ……穴あき坊主ダムと呼ばれるゲートを使用しない自然調節方式が採用されている」（「土木技術資料28-10、1986年）と述べています。近年、ダムがたくさん造られ管理業務が増えているので、その負担を減らすうえで「ゲートのない自然調節方式ダム」（穴あきダム）によって、ダム管理の合理化・省力化を図ろうというのです。穴あきダム（流水型ダム）の発想は、けっして環境問題の解決を目指したものではないことが分かります。

海外では、一六世紀にイランでつくられたほか、一八世紀にフランスで、一九世紀以降はアメリカやスイスでこの型のダムが建設されたことが紹介されています（『水利科学』332号、角哲也）。

岩手県雫石町　北上川水系南畑川、レン滝ダム（農地防災事業）

山形県尾花沢市最上川水系銀山川、銀山川ダム（農地防災事業）。長い間土砂で埋まっていたが、最近になって土砂を排除

日本では、一九五〇～六〇年代、当時の農林省の補助事業で造られた「農地防災ダム」に、この型のダムが全国で数多く採用されました。山形県内では、最上小国川ダムの南側の尾根を隔てた、尾花沢市の最上川水系丹生川支流の銀山川に、一九六三（昭和三八）年に農地防災事業で建設された「穴あきダム」形式の銀山川ダムがあります。ところが、この銀山川ダムは建設後数年で常用洪水吐の穴が土石流で閉塞してしまい、ダム湖全体が土砂で埋まり洪水調節機能を失ったままになっていました。

これらのダムは、洪水流量を自然調節する方式で「管理が容易である」ことが一番大きなメリットでしたが、最近は大規模な治水専用ダムについて、国・県や一部の研究者が「穴あきダム（流水型ダム）は環境にやさしい」と繰り返し喧伝しています。「環境にやさしい」ことを検証するには環境影響への長期モニタリングが必須ですが、現在までのところデータは限られています。つまり「環境にやさしい」かどうかは、分かっていません。

唯一分かっていること、そして危惧されることは、中小洪水のピークカットによるダム下流部の河川環境変化など、ダムが本質的に有する河川環境への影響に変わりはないこと、ダム湖水位の急変動による生息環境破壊の問題など、場合によってはそうした影響が増幅されることすらあり得ることです。

現在、大規模な穴あきダム（流水型ダム）の運用例はまだわずかしかありませんが、河川環境への悪影響が実際に指摘されてからでは遅いのです。

2　「穴あきダム」容認のための治水対策案比較

山形県が行った治水対策案の比較

山形県は二〇一〇（平成二二）年度、全国的なダム建設事業見直しのなかで、「最上小国川ダム事業の検証」を行いました。最上小国川の上流部で多発している水害防止のために、治水対策の客観的な比較検討を行ったように装い、次の四つの対策案で比較を行っています。

①ダム（流水型ダム）を建設して洪水流量を調節する「ダム案」
②赤倉温泉の上流部に遊水地を設けて洪水流量を調節する「遊水地案」
③洪水時に上流部で分水するバイパスを設け、洪水流を分散する「放水路案」
④河道を改修して流下能力を増強する「河道改修案」

四案について、経済性、自然環境への影響、社会環境への影響と工事期間、の比較検討を行いましたが、これらはいずれも「ダムありき」の立場からの恣意的な比較検討によって、結論としてダムによる治水対策が最も有利になるように創作されたものでした。具体的な問題点は次のとおりです。

(1)事業費の比較

それぞれの比較案の事業費のうち、工事費はダム案＝八五億円、遊水地案＝八五億円、放水路案＝一〇三億円、河道改修案＝八二億円と算定され、河道改修案が一番安くなっています。ところが、「河道改修案」と「遊水地案」は工事に伴う用地費・補償費が嵩むことなどから、事業費はダムが最も低くなるとされています。

「河道改修案」は河床掘削ではなく両岸を拡幅することとして、温泉旅館や民家を四一棟も移転させるなど、意図的に用地・補償費を膨らませることで、「ダム案」より事業費が高くなるような比較になっています。「遊水地案」についても同様な手法で、「ダム案」より高くなるようになっています。

私たちが、河道拡幅ではなく河床を掘削して流下能力を高める河道改修案について事業費を試算したところ、「河道改修案」の事業費が最も安くなりました。

⑵自然環境への影響

山形県が示した「自然環境への影響」比較検討によれば、「ダム案」と「遊水地案」は〝影響は軽微〟、「河道改修案」と「放水路案」は〝特に問題ない〟と評価しています。

県が「ダム案」の〝影響は軽微〟と評価したことには問題がありますが、「穴あきダム（流水型ダム）」であっても、自然環境への影響は「河道改修案」より大きいと評価されたことは重要です。

⑶社会環境への影響と工事期間

山形県は最も水害を受けている赤倉温泉について、「河道改修によって赤倉温泉の特徴が失われる」と否定的に評価しています。ところが、生活排水や廃湯をたれ流し、河川を狭めて川岸に張り付いた多数の旅館、なかには河川敷の上に危うく張り出した旅館すら存在するというのが、赤倉温泉の現在の特徴的な景観です。

観光客や釣り人が、川岸から河川敷に張り出した旅館を見て、県が言うように「上流にダムが出来れば水害の危険がなくなる」などと、とても思えない状況であることは、写真を見ただけでも一目瞭然ではないでしょうか。

赤倉温泉上流の「遊水地」候補地

赤倉温泉地内の最上小国川

「工事期間」の比較にも、重大な事実の歪曲があります。「河道改修は最下流から段階的に実施するので、一か所あたり年二億円の予算額から算定すると完成は概ね七四年後」になる、「遊水地案」「放水路案」も予算配分が限られているので工事期間が長期になるが、「ダム案」は集中的に予算配分がされるので最も早く治水効果を発揮する、と「ダム案」が最も有利であるとしています。

しかし、河道改修は危険性や緊急性の大きいところから優先的に施工するのが常識であり、現に実施している改修は最下流部からの段階的施工にはなっていません。最上小国川の流域で、洪水被害が大きく緊急性の顕著な赤倉温泉地区の河道改修を優先すれば、ダムより速やかに地域の「安全・安心」が確保されることは明らかです。

ここでも、「ダム案」以外の「河道改修案」などにあり得ないような難癖をつけ、「ダム案」の優位性を創作しています。

河道改修による治水対策が最適

最上小国川の赤倉温泉地区の水害対策は、県が比較検討した四案が考えられます。しかし、県が行った比較検討は、「ダムありき」の立場で、ダム案が最も有利になるように歪曲された比較検討でした。

「ダム案」以外の比較検討案のうち、「遊水地案」は、赤倉温泉上流にある

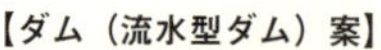

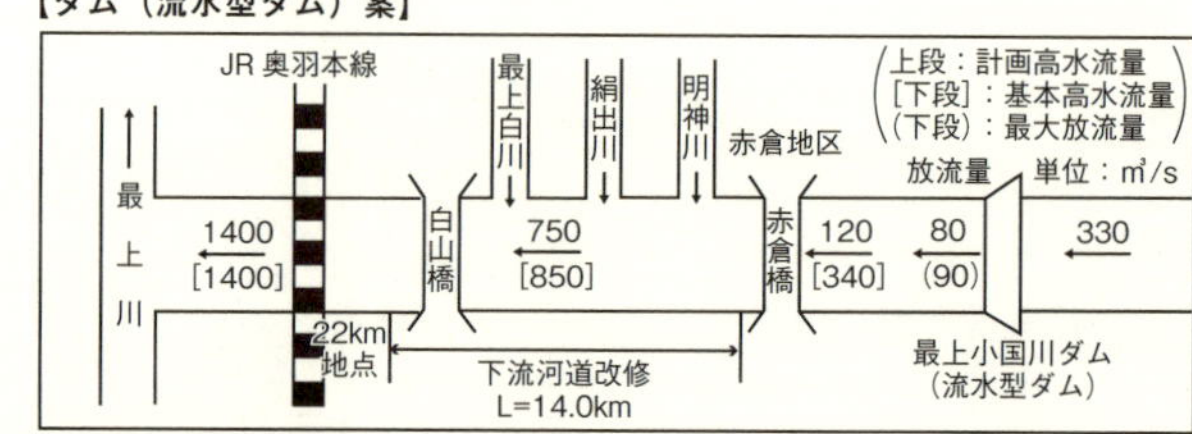

【遊水地案】

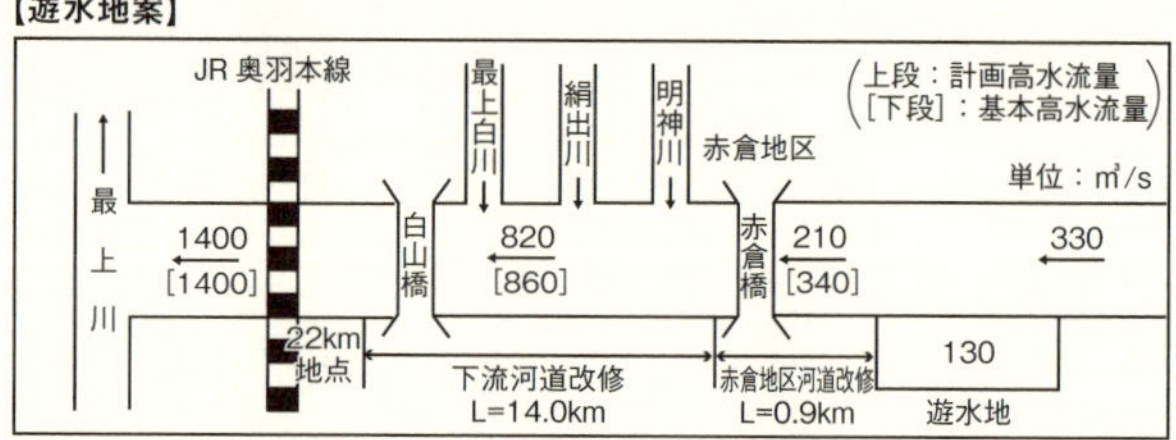

【放水路案】

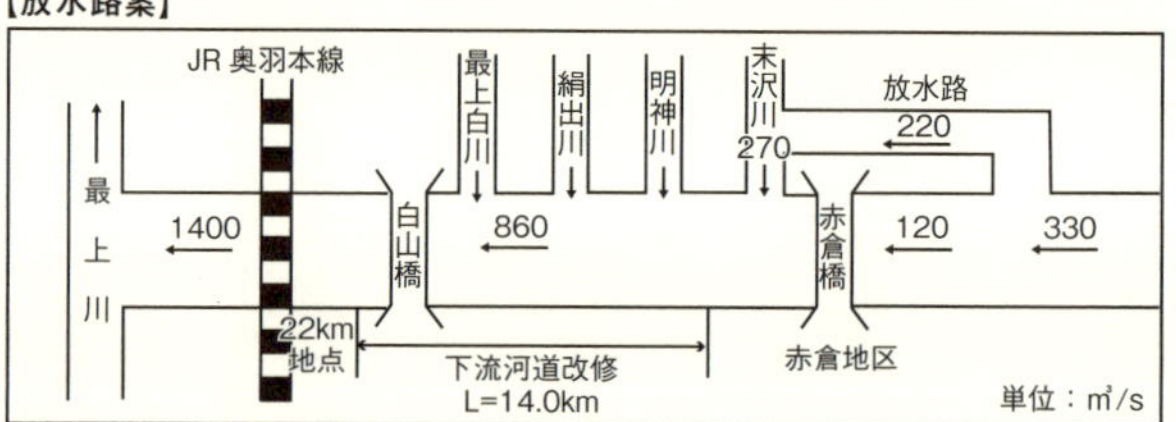

【河道改修案】

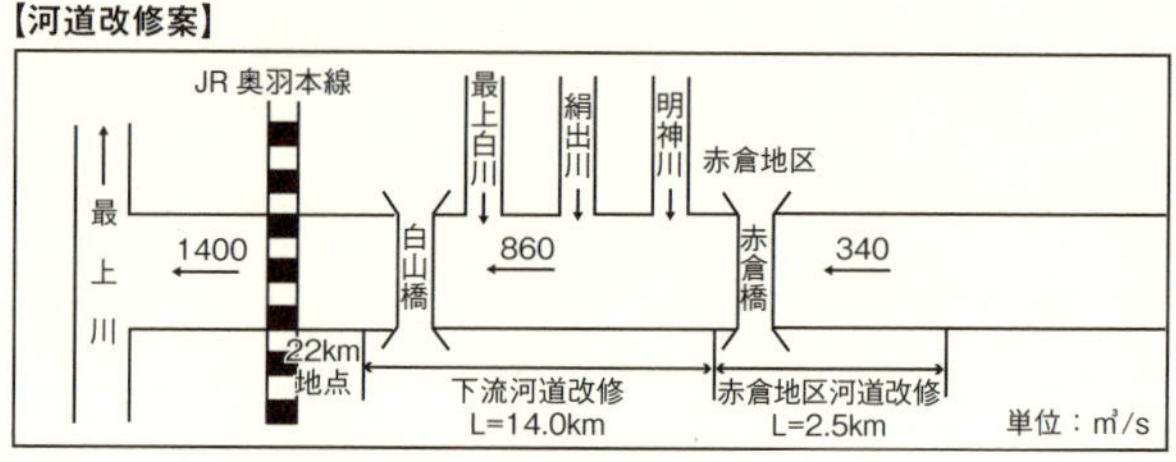

図６　４案の整備区間及び流量配分図

適地の面積が小さく、目的の流量調節が難しいことから実現は困難とみられます。ただし、河道改修と組み合わせることで、河道改修の事業費を節減できる可能性があり、今後必要に応じて詳細調査を行う価値があると考えています。

「放水路案」は、赤倉温泉上流に洪水時だけ流すバイパス水路を設けて、赤倉温泉の水害を防ぐ案です。この案の問題点は、平常時は水の流れない大きな水路を造ることによる環境への影響と、地形の関係で大部分がトンネルになることから、事業費と維持管理費が大きくなることです。

「河道改修案」は、赤倉温泉地内では、河床を一・五m程度掘削することで計画の洪水流量を安全に流すことが出来ます。また、その下流側の対策も拡幅や掘削が容易にできます。一部で懸念される河

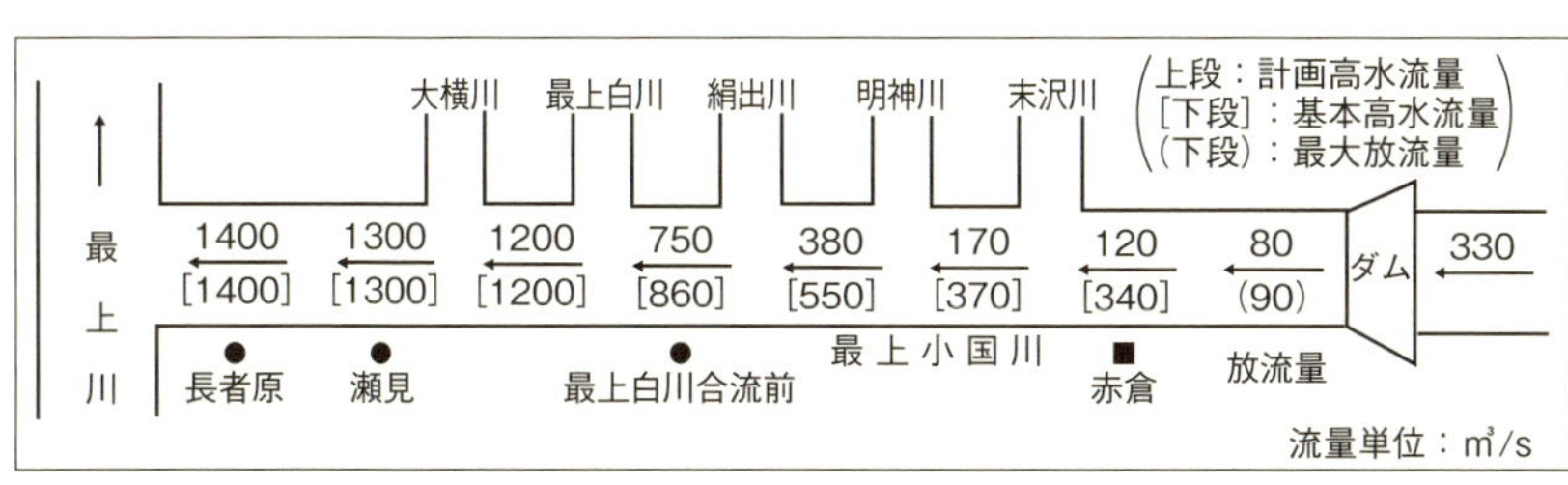

図7　ダム計画高水流量配分図

床掘削による赤倉温泉湧出への影響についての対策を適切にとることで、最も事業費が安く短期間に効果を発揮できます。

3　「穴あきダム」による洪水調節の限界

ダムの集水面積が小さく、洪水調節効果も小さい

最上小国川ダムは川の最上流部に計画されており、ダムの集水面積は三七・四㎢で全体の流域面積四〇一・二㎢の九・三％にすぎません。したがって、ダムの洪水調節効果はダムより下流のダムに近い狭い範囲では期待できますが、ダムから遠ざかるにつれてダムの洪水調節効果は小さくならざるをえません。

「ダム計画高水流量配分図」には、ダムの洪水調節効果に関する特徴がよく現れています。図のなかの「計画高水流量」と記述されている流量がダムによって流量調節を行った場合の洪水流量で、「基本高水流量」と記述している流量が、計画洪水が発生する場合のダムがない状態での各地点における洪水流量です。

計画によれば、ダム地点で毎秒二五〇㎥の洪水調節を行い、七六％の洪水流量を調節することになっています。その場合、赤倉地点では洪水調節効果は毎秒二二〇㎥と基本高水流量の六四・七％になりますが、約一二㎞下流の絹出川合流点下流（月楯地区）では洪水調節効果は毎秒一一〇㎥と基本高水流量の一二・七％に下が

最上白川合流点前（月楯地区）の最上小国川

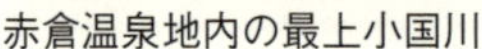

赤倉温泉地内の最上小国川

り、最上白川合流下流では「計画高水流量」が「基本高水流量」と同じ毎秒一二〇〇㎥となり、洪水調節効果が全くなくなっていることが分かります。

このような現象が発生する主な理由は、ダムよりはるか下流になると、いくつもの支流の合流があり、支流と本流との洪水のピークの時間がずれることや、河道が広く深くなることによる河道貯留効果によって、ダムによる洪水調節効果がダムから離れるにしたがって働かなくなるためです。

県がまとめた「治水計画検討」によれば、「最上小国川の氾濫原における市街地は瀬見地区、月楯地区、赤倉地区であり、このうち、瀬見地区、月楯地区では五〇年に一度の大雨に対応できる河道改修が実施済みである」と述べています。すなわち、赤倉地区以外では市街地の河川改修は完了しており、ダムによる洪水調節は不要である、したがって、赤倉地区以外ではダムによる洪水調節効果は小さくても大きくても、どうでもよいというのです。

これらのことから分かるように、赤倉地区の水害に対する治水対策さえ十分に行うことができれば、最上小国川の流域のうち、ダムのすぐ下流の一部でしか洪水調節効果が期待できないような最上小国川ダムは、建設する必要がないと言うことができます。

超過洪水時の危険性はさらに大きくなる

ダムが計画したような役割を果たすのは、洪水流量が計画の範囲内の時だけです。計画の規模を超える「超過洪水」の時には、ダムから計画最大放流量以上の流量が放流され、そのうえ流量の増加が急激になるので、他の治水方法よりも下流の被害が大きくなってしまいます。最上小国川ダムの洪水調節計画は、計画洪水に対して流入ピーク流量・毎秒三三〇㎥をカットして、放流量を毎秒八〇㎥に調節、赤倉地区の計画高水流量を毎秒一二〇㎥に低減することになっています。超過洪水が発生すると、ダムの貯水池は満水状態となるために、計画最大放流量・毎秒九〇㎥よりもかなり大きい流量が放流され、流入量より大きな放流がなされる危険性があります。その場合には赤倉地区のピーク流量は毎秒三四〇㎥を超えることになりますが、赤倉地区の河道の流下能力は、ダム建設を前提にした毎秒一二〇㎥しかありません。

毎秒一二〇㎥の流下能力しかない場所に、毎秒三四〇㎥を超える洪水が流下するわけですから、大きな被害が発生することは明らかです。これとは逆に、ダムによらない治水対策、例えば河道の掘削や堤防の嵩上げによる河道断面の拡大によって、毎秒三四〇㎥の流下能力を確保する治水対策が取られた場合、超過洪水が発生しても、河道から溢れる流量はダム計画の場合よりずっと少なく、被害も小さなものに止めることが出来ます。超過洪水に対しては、ダムによらない治水対策が優れていることは明らかです。

赤倉温泉湧出への影響を口実にダム建設にこだわる

山形県は、水害の最も多い赤倉温泉地区の治水対策について、「河道改修のために河床を掘削すれば、赤倉温泉湧出に致命的影響が出る恐れがある。だから河床掘削はできない。河道改修による治水対策を行うとすれば、河道を拡幅するしか方法はない。河道を拡幅すれば河岸の温泉旅館をすべて移転せざるをえない。そうなれば赤倉温泉は壊滅する。だから赤倉温泉の治水対策のために上流にダムをつくる」と三段論法でダムによる治水対策の正当性を説明してきました。

「河床掘削は不可能だ」とする県の主張は、これまで赤倉温泉地内で自ら施工してきた災害復旧工事や護岸改修などの河川整備と矛盾するだけでなく、今後赤倉温泉地内で必要となる老朽化した護岸の改修や橋梁の架け替え工事も施工できないことになってしまいます。

瀬見温泉の最上小国川（源泉上に護岸）

赤倉温泉から約一六km下流の最上小国川の河岸に発達した瀬見温泉も、かつては水害に苦しめられてきましたが、五〇年に一度の洪水にも耐えられる河道改修が終わり、水害の危険は大幅に減少しています。ここでは写真に見られるように、河川敷内に湧出している源泉の真上にコンクリート護岸が設けられています。この工事による瀬見温泉湧出への影響はまったく生じていません。ところが、赤倉温泉では「河道改修は技術的にきわめて困難」であるとして「ダムありき」の姿勢を崩していないのです。

4　「穴あきダム」でも河川環境への影響は避けられない

穴あきダムは環境にやさしい？

県は穴あきダム建設計画の発表当初から「日本一環境にやさしい穴あきダム」と、ことある度に宣伝し続けてきました。確かに水質悪化は水を溜める貯水ダムよりはましかもしれませんが、しかし根拠も示さず「日本一環境にやさしい」とは全くおかしな話です。

日本初の大型穴あきダムである島根県益田川ダムを調査しましたが、ダムの所長に尋ねると「環境にやさしいダムということではない」「アユは上流に確認できたが定量的な調査はやっていない」「湛水面積五〇ha以下のダムなので環境アセスの対象ではない」と明言され、ダム自体は堤体が従来と一緒でただゲートがついていないだけの構造物でした。

最上小国川『穴あきダム』早期建設町民大会

～最上小国川に安全・安心のため穴あきダムは必要です～

日時　平成19年11月15日（木）
午後7時から

場所　最上町中央公民館 大ホール

主催　最上小国川治水堤建設促進協議会

共催　最上町議会　最上町商工会　最上町区長連絡協議会
最上町観光協会 最上町農業委員会 最上町消防団
新庄もがみ農業協同組合　最上町土地改良区
赤倉温泉最上小国川治水堤建設促進期成同盟会
赤倉温泉まちづくり委員会

開催趣旨

赤倉温泉街や下流の農耕地を洪水の被害から守るための治水対策について、２０年に及ぶ要望を行ってまいりましたが、昨年度、最上川水系流域委員会が『穴あきダム』案を選択し、山形県知事により県民の生命と財産を守ることを最優先とする『穴あきダム』案が決定されました。

町民の安全・安心を確保するため、知事が決定した『穴あきダム』と、一体的に整備される河川改修事業の早期建設と地域活性化に向け、町民大会を開催し、町民はもとより広く県民そして全国にダムの必要を訴えるものであります。

「最上小国川『穴あきダム』早期建設町民大会」（2006 年 11 月 14 日）の配付資料

県が、ダムを受け入れた後の最上小国川流域の振興を図る目的で漁協と設置した最上小国川清流未来機構では、「ダムをつくってもダムのない川以上の清流を維持する」などと主張していますが、根拠のない絵空事としか思われないものです。

環境悪化を起こす可能性は否定できない

私たちは「穴あきダムの環境影響」を最重要課題としてとらえ、川那部浩哉氏（京都大学名誉教授）、

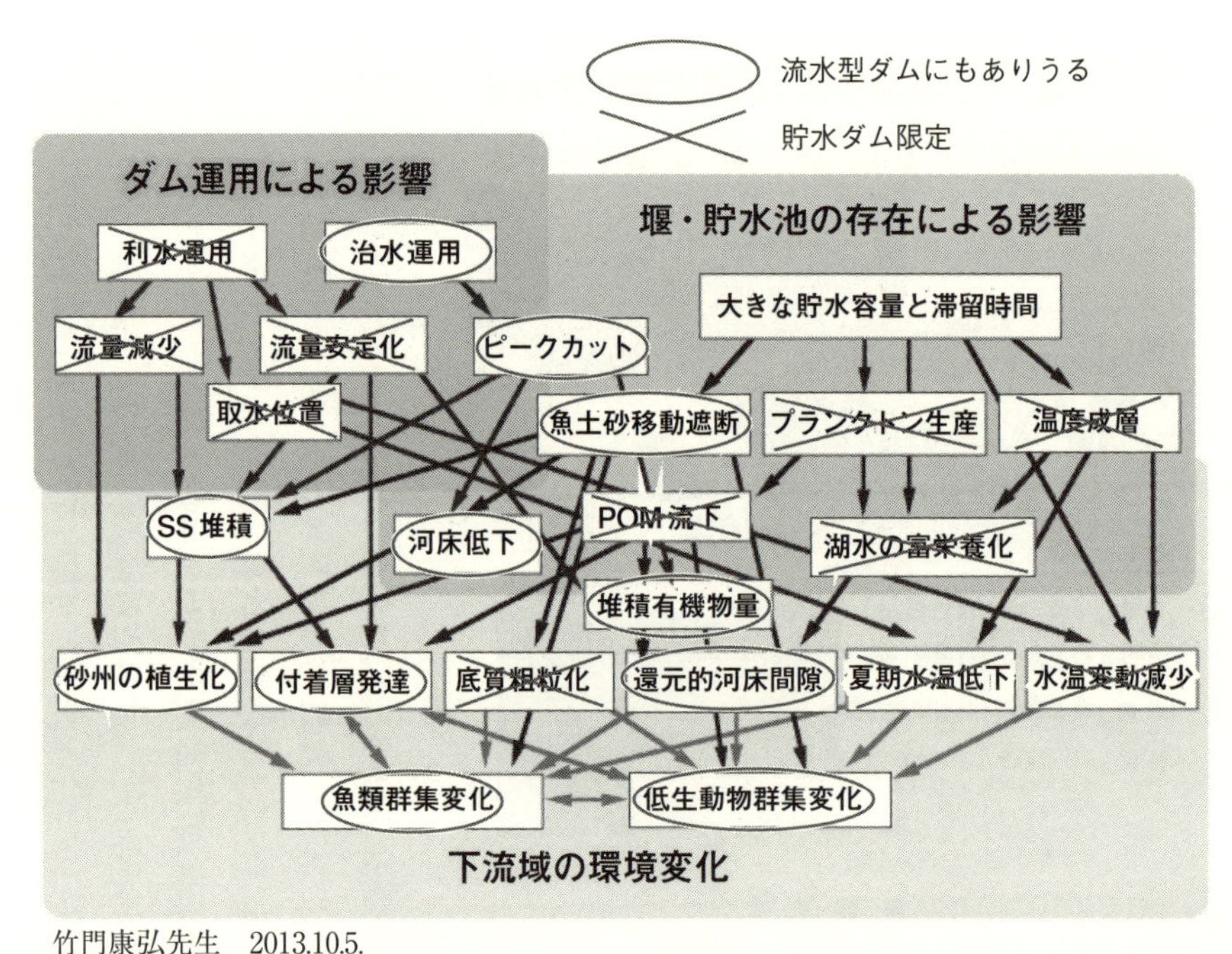

竹門康弘先生　2013.10.5.

図８　貯水ダムが河川生物群集に与える影響と流水型ダムの河川環境影響

竹門康弘氏（京都大学防災研究所准教授）、朝日田卓氏（北里大学海洋生命科学部教授）、高橋勇夫氏（たかはし河川生物調査事務所代表）ら四名の研究者と現地調査を行いながら助言を得ました。

中でも竹門先生は実際に島根県益田川ダムでの調査を通じて、貯水型ダムと流水型ダムの影響を図８のように示され論文を発表されていました。

この図では流水型ダムの環境影響について、貯水池の富栄養化などは生じないが、洪水流量を調整するピークカット時に上流に土砂が滞留する結果、長期的には魚類群衆や底生動物群衆にも影響する可能性を指摘されています。結論として「流水型ダムの先例から、鮎の好適な生息場、清透な流水景観、河床攪乱規模の低下などを通じて環境悪化を起こす可能性は否定できない」としています。

「協議会の調査」は科学的に不的確

この四名の研究者は最上小国川の現地踏査を行い、県が設置した「最上小国川流域環境保全協議会」の、流水型ダムが建設された場合の付着藻類に関して「鮎の採餌環境に影響なし」と結論づけた報告書について、「鮎そのものの調査や検討もない等、根本的に調査内容は科学的不適格で、全く納得いかない」と次のように指摘し、二〇一四年八月、意見書を提出しました。

「最上小国川で計画されている流水型ダムはピークカット率（流量調整率）が高いため、洪水時の堪水域の上流部に堆積する礫経の大きな土砂が下流へ供給されにくくなり、洪水の減水時や小出水時には堤体近くに堆積する砂泥のみが流出すると予測される。

このため、①ダム下流域の河床更新度の低下と糸状藻類等が繁茂し、アユの餌場そのものが失われ、アユの採餌環境に悪影響が出る可能性は極めて高い。②ダム下流へのシルトの流出による濁水発生と河床環境の悪化が懸念される。③ダム下流へ供給される有機物組成の変化などを通じて、アユの餌環境やサクラマスの産卵環境の悪化が懸念される」

この指摘にあるように、最上小国川穴あきダムは、ヤマメ・サクラマスの産卵床やアユの生息環境への悪影響、鮎の品質を低下させる可能性は否定できません。

最上小国川ほどの鮎踊る清流環境に穴あきダムがつくられる事例は初めてであり、まさに実験台になっているようです。影響がでたらどう責任をとるつもりなのか。県当局からの答えは、はぐらかされたままです。

5　県が漁協に約束した、閉塞しないはずの「閉塞対策」

「穴あきダム」の構造的欠陥

常時貯水する「貯留型ダム」に対し、常時湛水しない治水専用ダムを、ダム建設事業者などは「流水型ダム」と称していますが、私たちはあえて、従来のとおり「穴あきダム」と呼んでいます。

「穴あきダム」は、河床と同じ標高に放流設備を設置することで、ダム上下流の土砂と生物移動の連続性がダム建設前の状態に保たれ、「環境にやさしい」というのが、ダム建設事業者等の共通した言い分です。しかし、流木や土砂による放流設備閉塞の危険性が大きいことがこの型のダムの重大な欠点であることは、多くの識者によって指摘されてきました。

従来の「貯留型ダム」の場合は、堤体上流のダム貯水池にフロートとネット等で構成される流木止施設を水面に浮かべて設置することで、ダム放流設備への流木の侵入を防いでいます。しかし、「穴あきダム」の場合は常時湛水しないことから、こうした効果的な流木止めを設置することが出来ません。抜本的な流木対策技術はまだ確立されておらず、洪水時にダム貯水池内に流下してきた流木の多くがダム堤体まで到達することは避けられません。

「貯留型ダム」の土砂対策は、予想される堆砂面より高い標高位置に放流設備を設けることで土砂の流入を防止しています。しかし、「穴あきダム」の場合は、ダム貯水池に流入してきた土砂の多くが放流水と一緒に放流設備を流下することから、流木とともに放流設備閉塞の原因となっています。

「穴あきダム」の場合、多少の軽減策をとったとしても、流木と土砂による閉塞の危険を避けられない構造的欠陥を持っているのです。

県が漁協に約束したダム閉塞対策

山形県は、「穴あきダム」の穴である常用洪水吐が土砂や流木による閉塞の危険性を、一貫して否定してきました。その根拠は、「同型ダムの先行事例である島根県・益田川ダムが閉塞していない」ことや、「スクリーンを設けることで、流木の流入を防止できることが水理模型実験によって分かっている」ことなどです。

ところが二〇一四年七月、山形県は、ダム建設を容認しない態度をとってきた小国川漁協の協力を取り付ける必要から、それまでの「閉塞は起こらない」としてきた主張を転換して、「閉塞・濁水対策」について、小国川漁協の要望に応えるかたちで、次のような対策を提案し、実施を約束しました。

（1）鋼製の流木止め設置と「転流工の活用」、およびスクリーンの仕様変更

①既設の砂防堰堤（ダム上流約一〇〇m地点）を改良し、流木捕捉工として活用する。
②「穴づまり」した場合などのバイパスとして、「転流工を活用」する。
③堤体工事の仮締切堤に通水路（スリット）を設け、流木捕捉工として再活用する。
④常用洪水吐きの上流側に設置する鋼製スクリーンの仕様を変更して、通常の流れを阻害しないように、スクリーン下部の水深一m程度は常時開口状態とする。

（2）常用洪水吐に「維持管理板（ゲート）」を設置

常用洪水吐の設置位置（川底と同じ高さ）を変えず、大きさを幅一・七m×高さ一・六mから幅一・七m×高さ四・〇mに変更して維持管理板（ゲート）を設ける。維持管理板（ゲート）は常時一・六mの高さに固定するので、穴の大きさは幅一・七m×高さ一・六mに保たれる。「穴づまり」の時だけゲートを引き上げて、流木等を撤去する。

（3）工事中の濁水対策として濁水処理プラントを設置

常用洪水吐への流木や土砂流入をスクリーンで防ぐことが出来るか

最近建設された「穴あきダム」には、常用洪水吐全体を覆うように、流入部の大きさの数倍から一〇倍以上の「流木対策スクリーン」が設置されています。

二〇〇五年に完成した島根県・益田川ダムの場合、常用洪水吐（幅四・四五m×高さ三・四m×二門）の前面に幅八m×高さ二一・五mのスクリーンが設置され、河床から高さ八・九mの間は開口部として、流木を通過させる設計となっています。

最上小国川ダムは、常用洪水吐（幅一・七m×高さ一・六m）の前面に幅四・七m、高さ一一・〇mのスクリーンを設置する計画になっていましたが、山形県は、専門家のアドバイスを受けて、河床から一m区間を開口部に変更することを小国川漁協に約束しました。

最上小国川ダム地点の上流側の河川敷内には、写真のように長さが数mから一〇m以上もあるような流木が大量にみられます。これらの流木は洪水時に流れ出すことから、ダム堤体の上流側に「流木止め」を設置したとしても、洪水時に水面に浮いた流木の多くは流れに乗って流木止めを超えて、捕捉されずに堤体まで到達することは明らかです。そして、洪水の初期と洪水後の減水時に、常用洪水吐からの排水の流れによってスクリーンに吸い込まれることが容易に予想されます。

最上小国川ダムの場合、常用洪水吐の大きさが幅一・七m×高一・六mと非常に小さいことから、スクリーンの網目をどのように設計しようとも、閉塞防止に対する効果はほとんど期待できません。現場で見られる流木は、長さ太さや曲がり、根や枝の有無など多様な形状をもっています。ところが、流木による閉塞は起こらないことを確認したとされる水理模型実験は、他の「穴あきダム」と同様に、割り箸のような形状も比重も単純で単一な模型材料で実験を行っています。流木に関する模型実験は、物理的法則性のないごまかしの実験と言わざるを得ません。

最上小国川ダムサイト上流の流木

堤内に堆積した土砂（岩手県外桝沢ダム）

流木対策スクリーン（島根県益田川ダム）

常用洪水吐のゲートの例（石川県辰巳ダム）

常用洪水吐にゲートを設置することに意味はあるか

山形県が小国川漁協に約束した「常用洪水吐閉塞対策」に、「維持管理板（ゲート）」を新たに設置するという項目があります。

県が明らかにした資料によると、常用洪水吐の設置標高（川底と同じ高さ）を変えず、上流端の大きさを幅一・七m×高さ一・六mから高さだけを四・二mに変更して、ここに新たに「維持管理板（ゲート）」を設けるとしています。この「維持管理板（ゲート）」は、「流木や土砂で閉塞した場合の除去作業を容易にする目的で設置したもので、巻上機は設置せず、流木等の除去作業を行う時だけ、ダム堤体上にクレーンを搬入しての吊上げ・吊下げを行う」とされています。しかし、「維持管理板（ゲート）」を吊上げて上流端の高さを四・二mに広げたとしても、幅が一・七mで変わらないことから、常用洪水吐トンネルの中に軽トラックや小型作業機を入れるギリギリの幅しかありません。軽トラック等を内部に入れるためには、ダム堤体下流側の減勢工の上に仮設の橋が必要になるなど、現実的な計画ではないことが分かります。

したがって、流木と土砂の除去作業は人力主体にならざるを得ないうえに、引き上げる際の吊具取り付け作業についても、足場の不安定な場所での危険な人力作業に頼らなければならないものとみられます。また、流木等が詰まった状態で、「維持管理板（ゲート）」をスムーズに引き上げることが出来る保証もありません。

常用洪水吐にゲートを設置している例は、同型の他のダムでも見られますが、常用洪水吐が閉塞したような緊急時には対応が困難で、ダム管理上の積極的意味はなく、「穴あきダム」の欠陥を根本的に解決するものでもないと言えます。

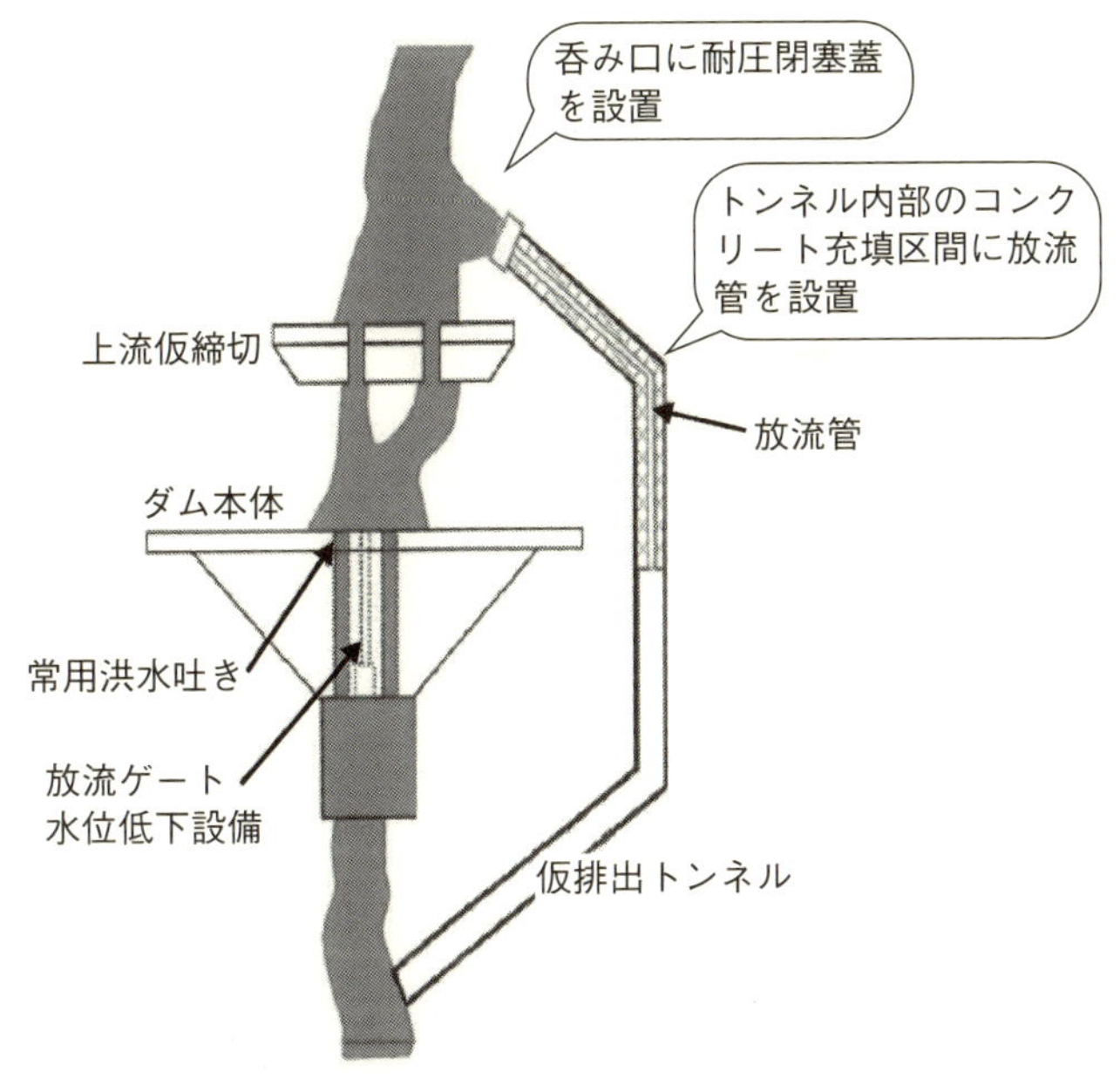

図９　「転流工活用」説明図（県の資料より）

「転流工」の活用で濁水を流し続けることに

山形県が小国川漁協に約束した「常用洪水吐閉塞対策」の重要な問題に、「転流工の活用」があります。「転流工」というのは、ダム堤体工事の際に、河川を仮締切して河川の流れを迂回させる仮排水トンネルのことで、通常はダム堤体完成後に撤去（閉塞）します。

「転流工の活用」も、「閉塞することはない」と山形県が一貫して主張してきたことを変更して、常用洪水吐が閉塞した場合の流木・土砂の撤去作業を容易にすることを目的としたものです。

山形県が作成した「転流工の活用」説明図（図９）によれば、仮排水トンネルに河川水を迂回させ、ダム貯水域に流水のない状態にしてから流木や土砂排除作業を行うというのです。流路を切り替えるためには、まず仮排水トンネル呑口部の

「閉塞蓋」を外す作業を行わなければなりませんが、ダム堤体から約五〇m上流にあるこの呑口部底の標高は、常用洪水吐底の標高より一・一m高いだけです。したがって、洪水がおさまりほぼ完全に平常水位に戻ってからでなければ、「閉塞蓋」を外す作業を行えません。

この間、ダム貯水池に湛水した洪水時の濁水が、閉塞状態の常用洪水吐から長時間にわたって放流され続けることになります。常用洪水吐が流木と土砂で閉塞状態になった場合、スクリーンと流入部の間にどのような水位差が生じ、どんな流れになるか容易に予想することは出来ませんが、ダムがなかった時と比較して、はるかに長時間にわたって濁水が流出し下流の河川環境に重大な悪影響を及ぼすことは避けられません。この「転流工の活用」もまた、閉塞が起こった事態を想定した対症療法的な対策で、現実的な効果の期待出来ない机上の空論となっています。

コラム　川の漁業権放棄にも、組合員全員の同意が必要！

清野真人

二〇一四年九月二八日、小国川漁協の臨時総代会が開かれ、ダム建設容認（漁業権の一部放棄）を、賛成八〇名、反対二九名の三分の二超の多数で議決しました。

ダム反対を貫いてきた沼沢勝善・前組合長が亡くなって、七か月余りのことです。県は、これを根拠にダム本体工事に着手しました。「漁協が多数決でダム建設に同意する」ことはありそうな話ですが、これとどう闘うか、私たちは、漁業法の第一人者である熊本一規・明治学院大学教授に教えをいただきました。

「漁業権」とは漁業を行う権利で、漁業法では物権、つまり財産権と認めています。財産である漁業権を持つ組合員全員が同意しなければ、漁業権の一部放棄、つまり川の中で行うダム本体工事は出来ないというのです。漁協は共同漁業権の免許を受けていますが、自らの事業として共同漁業を営んでいるわけではなく、漁業権は実際に漁業を営んでいる組合員のものであることから、組合員一人ひとりの同意なしに、漁協が漁業権放棄を決めることは出来ないはずだという主張です。漁協の「総代会」は、漁協としての意見を多数決で決めることが出来るだけであって、「ダム建設容認」を議決したとしても、漁業権者全員が「ダム本体工事の着工」を認めたことにはならず、「補償交渉」さえも行うことは出来ないことになります。

このことは、水産庁が昭和四七年と五一年に出した通達に、「関係組合員全員の同意書または委任状が必要である」と明記されていることからも明らかです。これに対し県は、漁業法三一条を引き合いに「組合員全員の同意が必要なのは、海の漁業権である第一種漁業権だけで、川の漁業権である第五種漁業権は必要ない」として、漁協の総代会等の議決だけで漁業権を消滅させて漁業補償契約を結び、ダム建設工事を強行してきました。しかし、これは誤魔化しの手法、間違ったやり方であって、漁業法三一条を根拠に組合員全員から同意を取らなくてもいいことにはなりません。

水産庁通達（要旨）

昭和四十七年九月二十二日漁政部長通達

「埋め立て事業等（ダム事業）に伴う漁業補償契約の締結にあたっては、組合は関係する組合員全員の同意を取って臨むよう指導されたい」

昭和五十一年三月十三日漁政部長通達

「漁業協同組合が組合員の漁業に関する損害賠償の請求・受領及び配分を行うことは組合の業務に含まれる。この場合、漁業を行っている組合員からの委任行為が必要である」

ところが、一九八五（昭和六〇）年に別の漁業補償裁判で、最高裁が「漁協の三分の二の賛成による議決で漁業権放棄は認められる」という、前述の水産庁通達とまったく逆の判決を出しています。

「ダム建設には漁協組合員全員の同意が必要である」ことを、認めさせるには、組合員が自覚的に立ち上がり、自らの権利を主張し相手側と交渉することが不可欠です。残念ながら、私たちは組合員の権利主張を十分組織できず、不当な漁協総代会決議を許してしまったことは、痛恨の極みです。

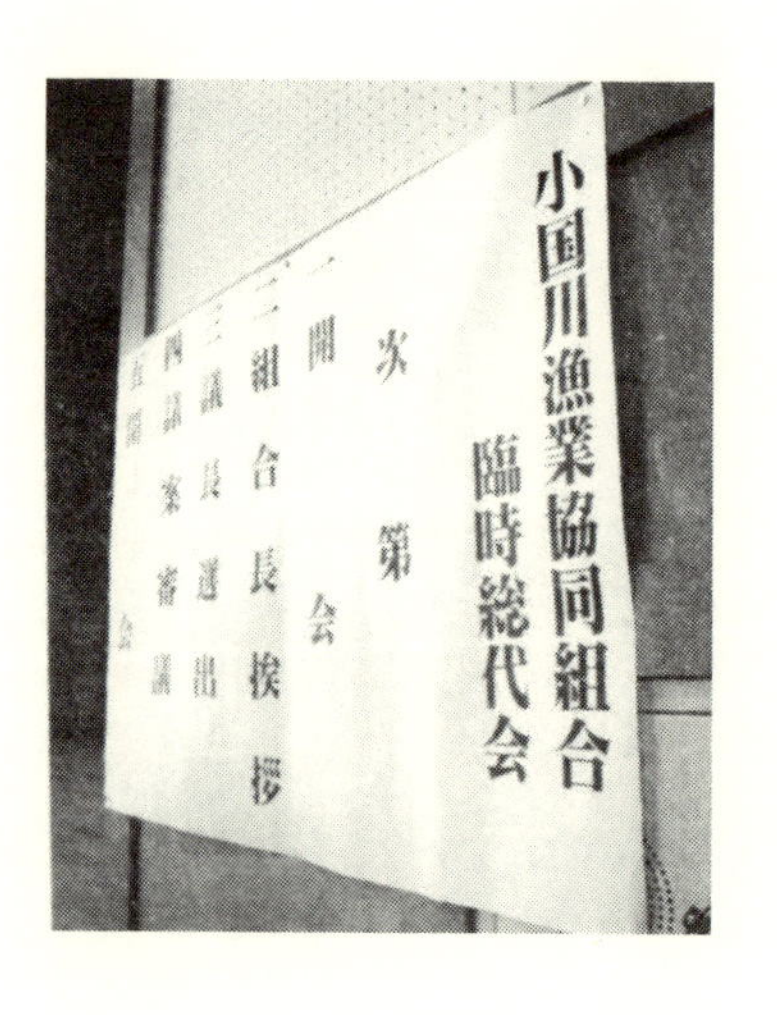

第Ⅲ部

ダムに頼らない治水対策
——河道改修は可能だ

虹の橋上流の床止工と老朽化した護岸

1　赤倉温泉湧出のメカニズムと河道改修

ダム計画と赤倉温泉の関係

私たちは「最上小国川ダム計画の主要な目的は赤倉温泉地区の水害対策である」ことを明らかにし、同地区の水害原因が河川管理者である山形県による河川管理の不備にあることを指摘して、「河道改修による水害対策」が可能なことを示してきました。これに対し、山形県は「掘削が赤倉温泉の湧出に重大な影響を与える恐れがあり、河道改修による治水対策は出来ない」と繰り返し述べてきました。

山形県は、二〇〇八（平成二〇）年になって、河道改修と温泉湧出の関係解明を目的に、コンサルタントに委託して「温泉影響検討調査」を行いました。この以前にも、温泉関係の調査を繰り返し行っていますが、その中心は「ダム建設を前提とした温泉への影響」の解析が中心であり、赤倉温泉湧出メカニズムの解析は不十分なものでした。

赤倉温泉は、位置的には鮮新世前期の赤倉カルデラの陥没を作った断層、あるいは鮮新世後期の向町カルデラの陥没を作った断層が交差する付近に当たり、これらの陥没をつくる断層とそれに伴う割れ目系が、地下にある熱源まで地下水を循環させていると考えられます。赤倉温泉の東側の宮城県に位置する鳴子温泉地域では地下約二㎞付近までマグマが上昇してきており、赤倉温泉の熱源もこのような上昇しているマグマに由来すると考えられます。これまでの各種調査によると、赤倉地区の最上小国川の左岸に高温部が西北西―東南東方向に細長く分布していることから、ここに断層などの岩盤割れ目が存在していて、その割れ目を通って地下から熱せられた地下水が湧出していると推定できます。赤倉温泉地域では、ボーリング掘削による泉源では、深さ二〇〇m程度で六〇数℃前後の温泉が豊富に採取できています。つまり、河川の掘削によって枯渇することは本質的にあり得ないのです。

護岸工事の影響で温泉旅館源泉の湯量と温度が低下した？

この問題は、被害を受けたとする温泉旅館の関係者と県との間で訴訟になり、県が多額の賠償金を支払うことで和解が成立し、解決したことになっています。

この事件の位置関係は図11のとおりです。左岸側の護岸改修工事のために河床の岩盤を約〇・五m掘削したところ湯脈にあたり、源泉が湧出して、隣接する二軒の温泉旅館岩風呂に直接湧出している源泉湧出量が一時的に減少しました。ただちに河床に湧出した温泉を止めた結果、翌日には元に戻り営業を続けたといいます。ところが、護岸工事個所から二五m離れた対岸の右岸側にある、深さ三五mから汲み上げている源泉の湯温が、長期にわたって

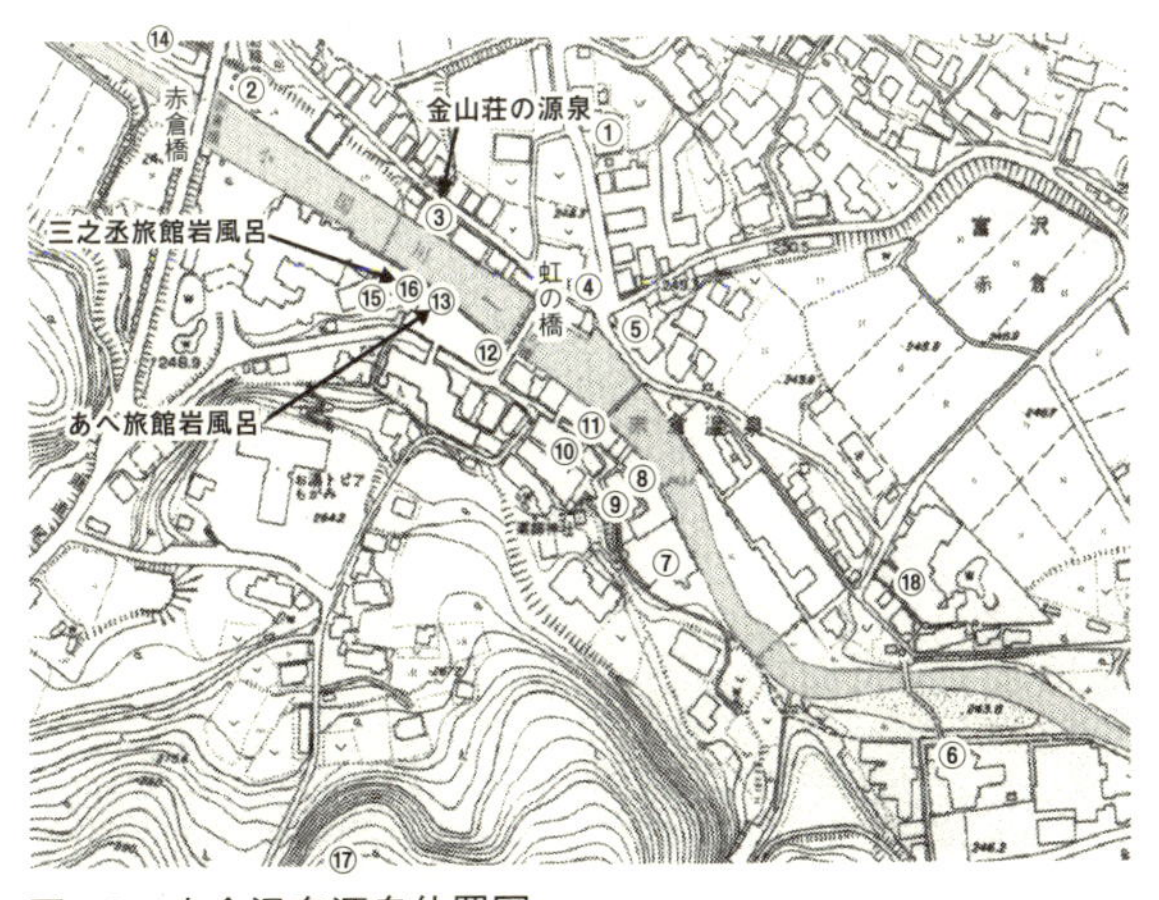

図10　赤倉温泉源泉位置図

地点番号	利用形態	深度(m)	湯温(℃)	湯量(ℓ/分)
①	揚水	300	49.6	18.6
②	自噴(揚水)	26	70.0	15.6
③	揚水	35	47.0	66.0
④	自噴	250	56.7	不明
⑤	揚水	80	56.5	65.7
⑥	揚水	200	67.7	89.5
⑦	揚水	100	63.8	203.0
⑧	自噴(揚水)	125	63.7	83.5
⑨	揚水	42	55.4	130.6
⑩	揚水	87	62.8	125.0
⑪	自噴	200	69.5	60.7
⑫	揚水	165	60.6	108.5
⑬	自噴	0	54.7	228.0
⑭	自噴	196	56.3	20.4
⑮	自噴	73	59.1	104.3
⑯	自噴	5	61.2	52.9
⑰	揚水	200	66.1	101.2
⑱	自噴	300	72.1	358.4

表3　赤倉温泉源泉一覧表

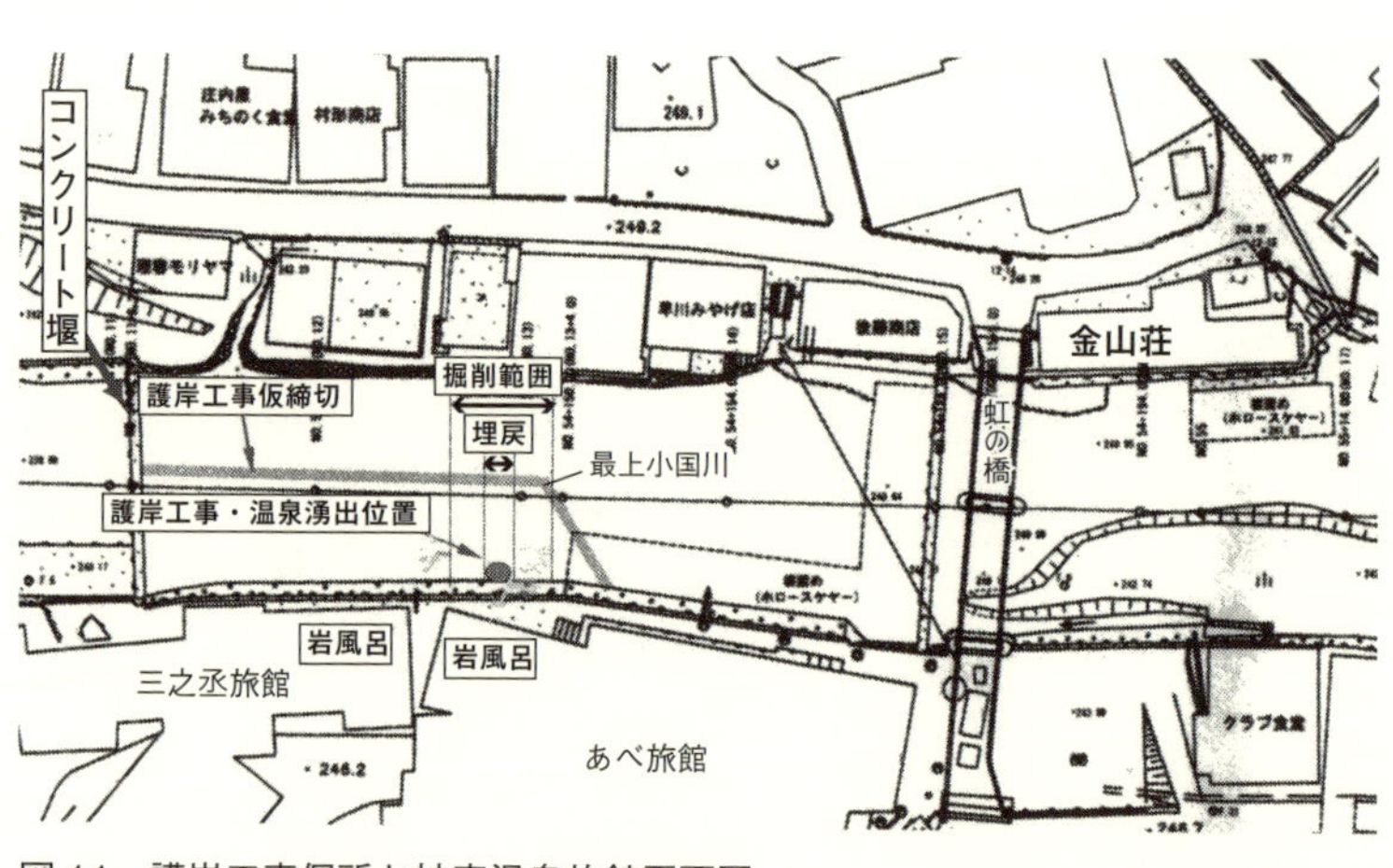

図 11　護岸工事個所と被害温泉旅館平面図

温泉旅館の風呂に使用できないほど低下して旅館の営業が出来なくなったとして、最後は訴訟になりました。

こうした経過や近隣源泉との関係を見れば、どう考えてもこの事件は、県がうまく騙され多額の補償金を支払わされたとしか言いようがありません。その後、ダム建設差し止め住民訴訟でも重要な争点となり、護岸工事と源泉の湯温低下の因果関係はないとする新たな証拠も出てきています。

ところがこの事件は県によって、「河道改修による治水対策は出来ない、ダム建設しか方法はない」と、地域の方や県民を説得する格好の材料として徹底的に利用されました。結果的に県にとって、多額の補償金を払ったことに見合うだけの効果があったのかもしれません。

河岸の岩風呂に直接湧出する源泉の湧出メカニズム

渇水期に河川の水位が低下すると、左岸の河岸にある二つの岩風呂の源泉湧出量が減少します。ここ以外の源泉は、多少の季節変動はあっても、河川水位と連動することはありません。県は、二つの岩風呂だけに特有の河川水位と湧出量が連動する現象を問題にして、「赤倉温泉の湧出に重大な影響を与える恐れがあるので、河道改修

書評掲載情報

「反戦主義者なる事通告申上げます」 森永玲 著

8/10 共同通信配信記事

戦時下 異質の抵抗見せた医師

「反戦主義者なる事通告申上げます」

森永 玲著

加藤 典洋（文芸評論家）

社会の閉塞がささやかれるいま、時宜にかなった本が出た。治安維持法の時代、軍国主義をまえに、従来と全く異質の抵抗を見せた「無名」の個人の評伝である。

どこが異質か。

1938年、国家総動員法に基づく照会に対し、一人の医者が自分は「反戦主義者」ゆえ「軍務を拒絶する旨通告」するとの回答を、知事に送る。

しかし、拘束されると彼は、裁判で反戦の主張を行うどころか「認否を含め一切証言」しない。控訴審でも無言で通す。

これまで私たちが見聞きしてきた戦時下抵抗の物語とは、ずいぶんと違う。出所後、ようとしてその行方は知れず。敗戦直後に死亡。遺骨は長崎・島原の郷里に送られたが墓はない、という。

この人物、末永敏事は、約10年の米国留学歴があり、第一線の結核医だった。師の内村鑑三の仲人で、自由学園卒の富豪の娘と帝国ホテルで結婚式をあげるが、ほどなく離婚。その後、パリ留学をへて服飾デザインの分野で活躍する彼女との間に、交流の形跡はない。

残されているのは10本の医学論文とわずかな書簡や出所後の目撃譚の他に、特高警察の捜
報告くらい。家宅捜索で見つか
たメモにはこうある。自分は軍備
廃論者ゆえ軍人と関係したくない
平民主義者ゆえ皇室、貴族、富
らとの関わりを拒絶する。

尾行つきで一度だけ現れた
永の変わり果てた姿を、訪問先
親友の息子、井村正治は生涯
れなかった。晩年、93歳で末永
ことを手記にまとめ、それがめぐり
ぐって、この本を生んだ。

矢内原忠雄ら他の内村の弟
との間に交流はない。むしろ「で
ればしたくないのですが」を口癖と
「デッド・レター」（配達不能郵
物）にも擬される、メルビル描く「
記バートルビー」の主人公を思
せる。

彼はなぜ忘れられたのか。な
墓もないのか。全く新しいタイプ
反戦主義者の姿が「共謀罪」
立の夏、島原の霧のなかから浮
んでくるようである。

（加藤典洋・文芸評論家）

花伝社ご案内

◆ご注文は、もよりの書店または花伝社まで、電話・FAX・Eメール・ハガキなどで直接お申し込み下さい。（直送の場合、2冊以上送料無料）

◆花伝社の本の発売元は共栄書房です。

◆花伝社の出版物についてのご意見・ご感想、企画についてのご意見・ご要望などもぜひお寄せください。

◆出版企画や原稿をお持ちの方は、お気軽にご相談ください。

〒101-0065　東京都千代田区西神田2-5-11 出版輸送ビル2F
電話　03-3263-3813　FAX　03-3239-8272
E-mail　kadensha@muf.biglobe.ne.jp
ホームページ　http://kadensha.net

好評既刊本

新聞の凋落と「押し紙」
黒薮哲哉 著 1500円+税
四六版並製 978-4-7634-0814-3
●凋落の一途をたどる新聞。長年のタブー「押し紙」を直視しないかぎり、新聞に明日はない。

八法亭みややっこの世界が変わる憲法噺
飯田美弥子 著 800円+税
A5判ブックレット 978-4-7634-0815-0
●アベ君、少しは憲法を学びなさい。見える世界がかわるから。目からうろこの憲法噺。

トランプ革命の始動 覇権の再編
田中宇 著 1400円+税
A5判並製 978-4-7634-0810-5
●トランプ政権はどうなる? 既成勢力の破壊を掲げて登場したトランプは【軍産複合体】に勝てるか?

反転授業 世界史リーディングス 歴史の流れをつかむ12章
上野昌之 著 1500円+税
A5判並製 978-4-7634-0811-2
●限られた時間で効果的に学びを深める「反転授業」へようこそ。

中国と南沙諸島紛争 問題の起源、経緯と「仲裁裁定」後の展望
呉士存 著 朱建栄 訳
3500円+税 A5判上製
978-4-7634-0807-5
●平和的解決の道はあるか? 中国の南シナ海問題の第一人者による全容解明。

暮らしと世界のリデザイン 成長の限界とその先の未来
山本達也 著 1700円+税
四六判並製 978-4-7634-0806-8
●大転換の時代の先を、私たちはどう前向きにデザインし直すか。

介護の仕事には未来がないと考えている人へ 市場価値の高い「介護のプロ」になる
濱田孝一 著 1500円+税
四六判並製 978-4-7634-0805-1
●未来を見据えた働き方を。

モザンビークの誕生 サハラ以南のアフリカの実験
水谷章 著 2000円+税
四六判上製 978-4-7634-0802-0
●21世紀のフロンティア、アフリカの現実。モザンビーク大使が見た、真の自立への挑戦。

子どもとスマホ おとなの知らない子どもの現実
石川結貴 著 1200円+税
四六判並製 978-4-7634-0791-7
●スマホゲーム、SNS、自撮り、お小遣いサイト——子どもを取り巻くスマホの世界を、あなたは本当に知っていますか?

日本会議の全貌 知られざる巨大組織の実態
俵義文 著 1200円+税
A5判ブックレット 978-4-7634-0781-8
●安倍政権を支える極右組織。かねてより警鐘を打ち鳴らしてきた日本会議研究の第一人者による詳細な報告。

父の遺言 戦争は人間を「狂気」にする
伊東秀子 著 1700円+税
四六判上製 978-4-7634-0775-7
●日中戦争の時は憲兵隊長として、戦後は償いに生きた父。「人間にとって戦争とは何か」を問い続けた娘の心の旅。

都市をたたむ 人口減少時代をデザインする都市計画
饗庭伸 著 1700円+税
四六判並製 978-4-7634-0762-7
●フィールドワークでの実践を踏まえて、縮小する都市の"ポジティブな未来"を考察。

華北の万人坑と中国人強制連行 日本の侵略加害の現場を訪ねる

青木茂 著　1700円+税
A5判並製　978-4-7634-0827-3

明かされる万人坑＝人捨て場の真実

戦時中、日本の民間企業が行なった中国人強制労働。当事者の証言に耳を傾ける。

興隆の旅 中国・山地の村々を訪ねた14年の記録

中国・山地の人々と交流する会 著
1600円+税　A5判並製
978-4-7634-0822-8

日本軍・三光作戦の被害の村人は今

歴史の現実を見据えて 新しい友好を切りひらく。

風刺漫画 アベ政権

橋本勝 絵と文
800円+税　A5判ブックレット
978-4-7634-0821-1

風刺は日本を変え、世界を変える

アベノミクスから靖国問題、米軍支援に至るまで様々な角度から風刺します！

習近平の夢 台頭する中国と米中露三角関係

矢吹晋 著　2500円+税
A5判上製　978-4-7634-0820-4

米中対決か、米中提携か

習近平がシルクロードにかけた夢「一帯一路」政策の中で、中国・アメリカ・ロシアが目指す新秩序とは?

物言えぬ恐怖の時代がやってくる 共謀罪とメディア

田島泰彦 編著　1000円+税
A5判ブックレット　978-4-7634-0819-8

メディアの立場から世紀の悪法を斬る!

共謀罪の対象となる 277 の犯罪項目。「著作権法違反」がなぜ対象に入っているのか?

東京をどうする

宇都宮健児 著　1500円+税
四六判並製　978-4-7634-081

東京改革の焦眉の課題は、これだ!

国民的「共同」を実現するための緊急提言、市民民主主義！

築地移転の謎 なぜ汚染地なのか 石原慎太郎元都知事の責任を問う

梓澤和幸、大城聡、水谷和子 編著
1000円+税　A5判ブックレット
978-4-7634-0816-7

誰が、なぜ、いつ、汚染地を選んだのか？

長年の裁判で明らかにされたずさんな実態。

「飽食した悪魔」の戦後 七三一部隊・二木秀雄と『政界ジープ』

加藤哲郎 著　3500円+税
A5判上製　978-4-7634-0809

731 部隊の闇と戦後史の謎に迫る！

GHQ と旧軍情報将校の合作による 731 部隊「隠蔽」「免責」「復権」の構造。

は出来ない」と主張しています。

私たちは、この源泉湧出メカニズムに基づいて適切な対策をとれば、河床掘削を伴う河道改修は可能だと訴えてきました。

写真は川側から写した「あべ旅館」の岩風呂で、正面奥の壁面は、大正時代にこの旅館ができる以前の最上小国川の元の河岸です。この岩風呂は河川敷地内の岩盤の上に造られたことが分かります。図のとおり、隣接する河川の川底の岩盤はほぼ同じ標高にあり、川底にも源泉が湧出しています。赤倉温泉の岩盤の割れ目から湧出する温泉は六〇数℃であるのに対し、「あべ旅館」岩風呂および、隣接の河床に湧き出る湧出口のうち、約四〇～八〇％が四〇℃強の温泉です。この温泉は、岩盤割れ目から湧出する源泉よりも温度が低いだけでなく、電気伝導度が低く、源泉が真水で薄まって温泉成分が低くなっていることが、県の調査で分かっています。

つまり源泉が真水と混合して温度が低下しているだけでなく、温泉成分も薄められているのです。湯船と河床に湧出している四〇℃の温泉は、河岸の中で、岩盤割れ目から湧出した六〇数℃の源泉と河川水に由来する浅層地下水とが混合し

図12　あべ旅館岩風呂と河床温泉湧出箇

岩風呂の「温泉影響調査」状況（2008年10月）

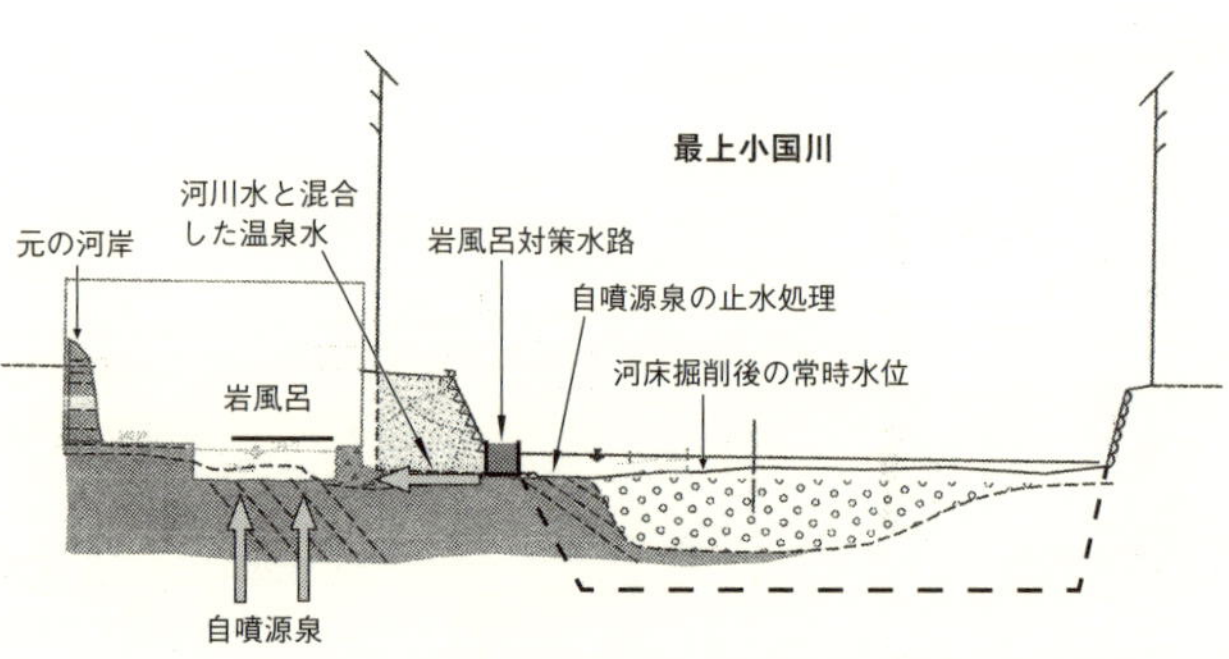

図13　河道改修による影響回避対策・説明図

た温泉水であることが分かります。

これらのことから、河川の水位が低下したときに湯船の水位が低下する理由が明らかになります。河川水位が低下することで、河床側の温泉湧出口の水圧が低下して、源泉と混合した温泉水が水圧の低い河床に多く湧出してしまい、「あべ旅館」岩風呂に湧出する温泉水の量が減少してしまいます。逆に、河川の水位が高ければ、岩風呂の四〇℃の温泉湧出量が増加することになります。こうした温泉湧出メカニズムを経験的に知っていた温泉旅館側が、安定した温泉湧出量を確保するために、県に働きかけて、河川水位を常に高く保つ違法なコンクリート固定堰を造らせたのです。それが、いつの時代か定かではありませんが、地元の温泉旅館にとって水害の危険を大きくする違法な堰であっても、経営優先だったのでしょう。

温泉湧出を安定させるための河道改修対策

河川の流下能力を増やすために、「コンクリート固定堰」と「床止め工」を撤去したうえで河床を掘削したときに、平常時の河川水位が低下して河床の温泉湧出箇所の岩盤が露出、岩盤割れ目からの温泉湧出が増える影響で、岩風呂への湧出量が減少するという影響を受けることになります。

これに対応するために「あべ旅館」岩風呂前の最上小国川河床にある六〇数℃の源泉を湧出している岩盤割れ目に、止水剤を注入する「グラウト工法」で、割れ目の止水処理をおこないます。

さらに、幅と深さが一m程度の透水性コンクリートでつくった水路を河岸に設け、常時清水を一定の量と水位で流すことによって、浅層地下水を安定的に供給してやるようにします。このことによって、四〇℃強の温泉水の湧出も安定するようになります。

また、現在は、湧出した四〇℃強の温泉水の半量は河床から湧出して河川に流出していると考えられますが、この湧出口も同様に止水処理のグラウトを行えば、温泉水の全量を岩風呂側で活用することが可能になります。

私たちが提案する「河道改修による影響回避対策」イメージは、図13のとおりです。

2　河道改修による治水対策

河床を一・五m深くするだけで、水害を防ぐことが出来る

赤倉温泉地内の最上小国川の河床を一・〇m掘削撤去したときに、最大流量がどれくらいになるかを計算してみました。マンニング式と呼ばれる水理計算公式で赤倉温泉地内の代表地点で計算した結果、最大流量は毎秒三四七・一三㎥となり、赤倉地点の計画洪水量である「基本高水流量」の毎秒三四〇・〇㎥を上回ることが分かりました。

つまり、河床を一・〇m、余裕と安全を見ても一・五m程度掘削するだけで、計画の洪水量が安全に流れ、水害を防ぐことが出来るのです。赤倉温泉地内の最上小国川の河床勾配が一〇〇分の一と、比較的急勾配であることから、河床掘削による流下能力増加の効果が大きくなっています。川岸ぎり

赤倉地区 12Km 下流の堤防未完成区間
（両岸は水田と原野）

河岸に張り付いた赤倉温泉旅館

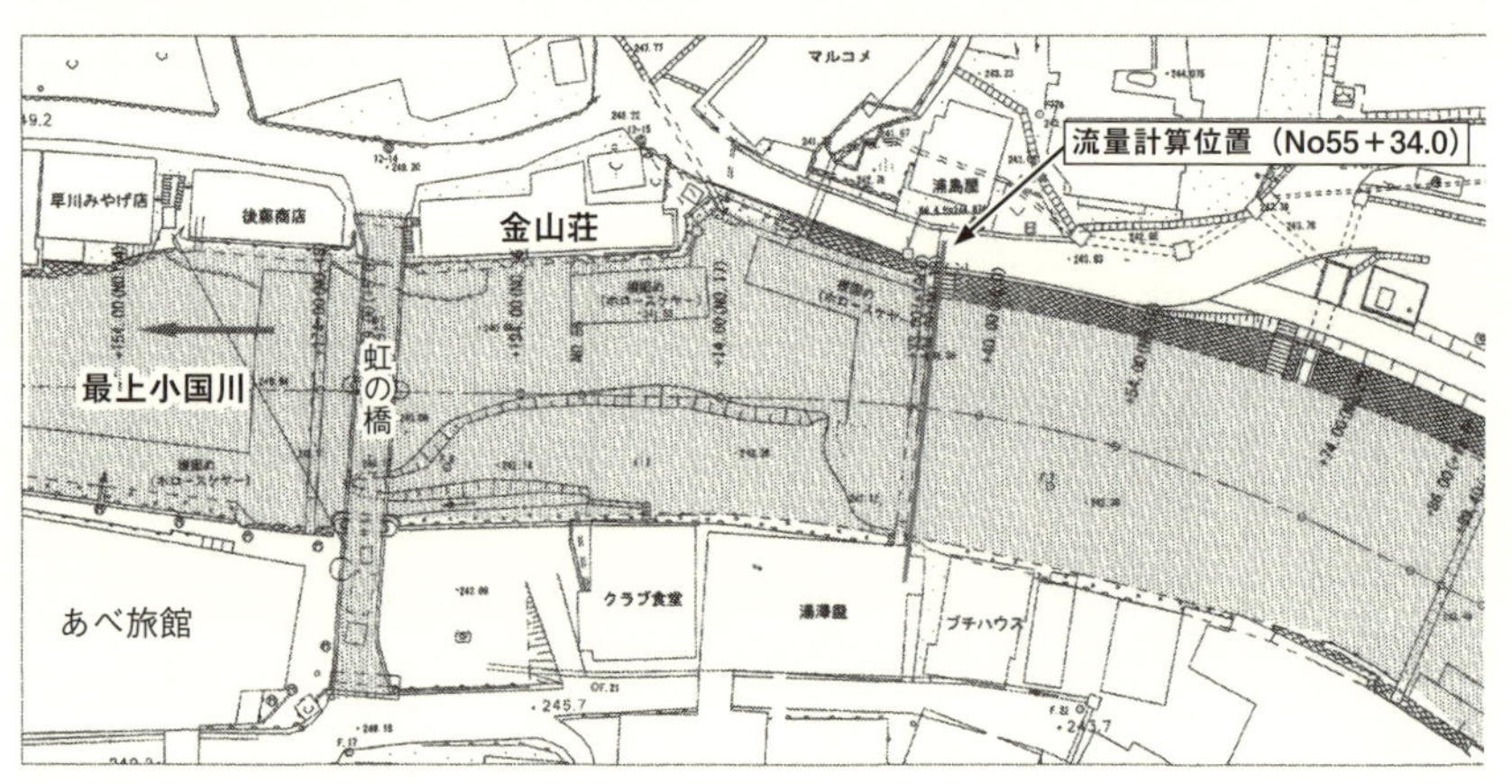

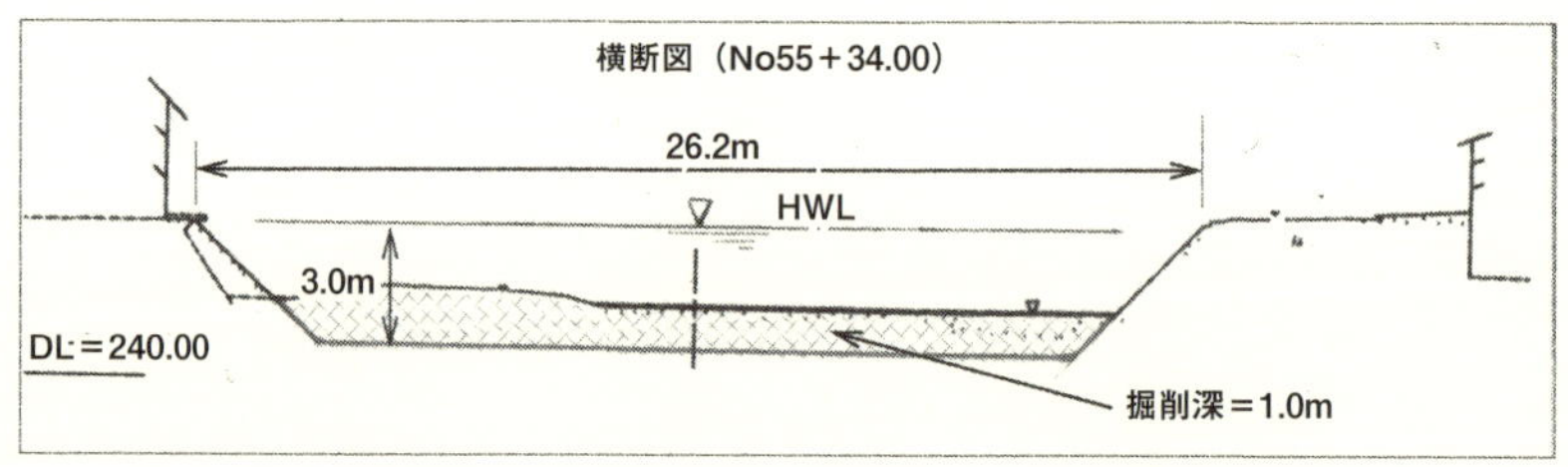

図 14　上：赤倉温泉平面図　下：河床を 1.0m 掘削したときの河川横断図

ぎりまで立ち並ぶ温泉旅館を立ち退かせる河道拡幅によらなくても、水害を防ぐことが出来ます。河床を一・五m程度掘削しただけで、地下数十mから一〇〇m以深の地下からくみ上げている赤倉温泉の湧出に致命的影響が出る恐れがあるという県の言い分を、認めることは出来ません。

赤倉地区下流一四㎞区間の治水対策にダム建設の必要性はない

山形県は、「赤倉地区の下流一四㎞区間においても河道の流下能力が不足しており、治水対策が必要である」としていますが、「ダムによる治水対策が必要」であることを一言も説明していません。この区間には、現況の流下能力が計画の洪水流量より小さい箇所が数か所ありますが、それらの箇所の両岸はほとんどが農地や原野であり、拡幅や築堤による治水対策が容易に可能な箇所ばかりです。ダムの効果は下流に行くに従って小さくなり、最上白川合流点で効果はゼロとなるのです。

ダムによる洪水調節効果は限定的であり、赤倉地区下流一四㎞の一部区間の現況流下能力不足がダム建設の根拠とはなりえません。

コラム　ダムによる治水対策の根拠とされた「金山荘事件」の怪

清野真人

第Ⅲ部1にあるように、「護岸工事で河床を〇・五m掘削しただけで、二五m離れた対岸の深さ三五mから汲み上げている源泉に、河川水が混入して温泉旅館の浴槽に使えなくなる被害を与えた」というあり得ない話を県は認め、多額の賠償金を払いましたが、「県は騙されたことを承知で、これをダム建設推

図 15　金山荘源泉周辺状況

進に利用し」ました。これを金山荘事件といいます。

多くの地元住民や県民に「ダム建設はやむを得ない」と信じ込ませたこの事件には、他にもいくつかおかしな事実があります。

①県が測定した護岸工事直後の源泉温度は四六℃で、温泉旅館「金山荘」の入浴に利用できない三三℃まで低下したのは、工事から一年後でした。この間の源泉温度は四一℃～四六℃と低めですが、過去一〇年間の源泉温度記録と変わりがありません。このことを県は「じわじわと湯温が低下した」と説明しています。この経過だけでも、護岸工事との因果関係は認められません。

②「金山荘」が保健所から営業許可を受けた日は、護岸工事着工の前日（一九八八年一一月一六日）でした。つまり、一日も営業実績がないまま、数千万円の「営業補償」をもらっていたのです。「金山荘」の経営者が起こした損害賠償訴訟は七年後に和解で決着しました。その和解条件に「今後営業しない」という項目があります。温泉旅館に使えないほど源泉が破壊されたとしながら、この条件を入れたのは、県と旅館経営者は源泉が使えることを知っていたのではないかと疑いたくなります。事実、この源泉はいつの間にか湯温が回復して、数年後から、宿泊させない「日帰り入浴」の営業をしていたことも分かっています。

③「河床を掘削する工事は温泉の源泉に致命的影響を与える恐れがある」とする県の主張からは、老朽化した護岸の改修や、橋梁の架け替え工事も出来ないことになります。ところが県は「温泉に影響がないように工事を行うので大丈夫」と地元住民には説明しています。「ダム建設のためなら何でも許される」と言わんばかりです。

第Ⅳ部

河道改修による治水対策と流域振興

ダムノーアクション（2011 年 6 月 30 日）の様子

1 「ダムありき」から清流を生かした町づくりへの転換

二〇一四年七月、A3判上質紙にカラーで両面印刷した「最上小国川の流域振興について」という県と町・漁協の連名チラシが、流域二町の全戸に配布されました。それは、ダム容認を決議することになる小国川漁協臨時総代会の二か月前のことです。

そこには「流水型ダムがアユ等の生息環境に影響が小さいとしても、これまでの『ダムのない川』以上の清流・最上小国川を目指し総合的な取り組みを進める」としながら、県と町が流域で実施する数十項目の施設建設や様々なイベントが、イラスト入りで記載されています。これらの施策のトップには、「治水対策としての流水型ダム（穴あきダム）建設と、下流の河道改修」が記載され、「ダム建設を容認すればこれだけの施策を実施します」というかたちでまとめられ、「ダムありき」の流域振興策であることをあからさまに語っています。

沼沢・前漁協組合長にダム容認を迫って自死に追い込んだのがムチなら、これは流域住民へのアメに他ならず、「これまでの『ダムのない川』以上の清流・最上小国川を目指す」とはよく言えたもので、私たちにはブラックユーモアにしか聞こえません。

最上小国川の一番の特徴は、大雨による増水で水が濁っても、次の日には澄んだきれいな水になることです。最上小国川は最上川の支流ですが、合流点に行って見ると、最上川の本流と比較して、よく澄んだ水が合流している状況がよく分かります。

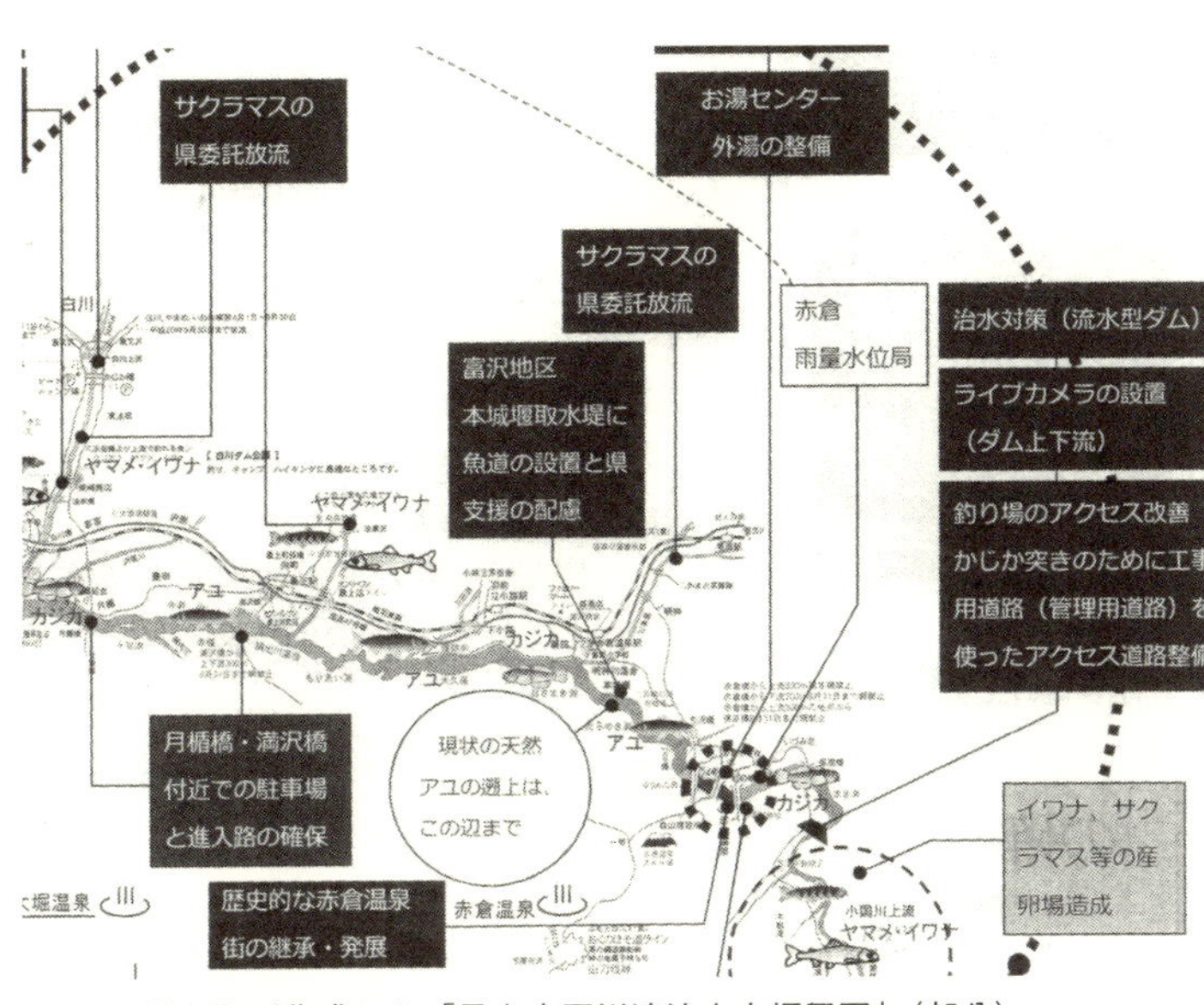

図 16　県と町が作成した「最上小国川清流未来振興図」（部分）

「穴あきダム」（流水型ダム）が造られることで、川の濁る時間が長引くことは明らかです。計画されている「穴あきダム」は、これまでいくつかあった砂防ダムとは比較にならない大規模なダムであり、出水のたびにダム湖に堆積する土砂と流木などの有機物による水質への影響は小さくはないはずです。県自身も「ダムによる影響は小さい」という言い方で、アユに代表される河川生物の生育環境に影響があることを認めています。

　県や町が示した流域振興策は、「多自然川づくり」や「生活雑排水の浄化」など、ダム建設計画がなくても当然実施しなければならない施策までも含めています。こうしたダム建設を前提とした流域振興策は、肝心なダムによる環境への悪影響が考慮されず、その対策もありません。

　流域振興にとって、いま必要なことは「ダムありき」の縛りから脱却して、清流を生かした町づくりに真剣に取り組むことです。ダムによらない治水対策によって生まれる新しい可能性こそが、流域の将来にとって重要なのではないでしょうか。

2　河道改修による治水対策は赤倉温泉を救う

最上小国川ダム計画の主要な目的が、流域の中で現在もなおしばしば水害が発生している「赤倉温泉の水害対策」であることは、前述のとおりです。

赤倉温泉は、かつて山形県内でも有数の温泉場としてにぎわいましたが、今では客数も営業する温泉旅館も最盛期の三分の一以下に落ち込んでいます。「温泉客が減少したのは、水害があるからだ」という極論まで聞かれました。こうした赤倉温泉の現状を救おうと、「ダムを造れば少しは景気が良くなるかもしれない」という発想が生まれたのも、当時としては自然な成り行きだったかもしれません。

私たちは、「河床掘削による河道改修」が最善の治水対策であると主張してきました。これに対し県は、「温泉への影響問題があって河床を掘削する河道改修は出来ないので、両岸拡幅以外に方法はないが、拡幅によって河岸に発達した赤倉温泉は跡形もなくなってしまう、だからダムを建設して洪水調節を行う」という論法で、ダム建設を正当化してきました。

ところが、実態はまったく逆です。

赤倉温泉湧出に影響させない「河道改修による治水対策」は、十分可能です。河道改修を行うことによって、護岸改修や橋の架け替え、築堤が必要な個所の温泉旅館の移転整備も行われます。このことによって、環境と景観に配慮した河道改修がすすみ、文字どおり清流を生かした街づくりのきっかけとなると私たちは考えます。当然、ダムでは防ぐことが出来ない内水被害もなくなり、多くの問題

図17　赤倉温泉内の河道改修イメージ

を抱える温泉街の再生も進むことが期待されます。

写真（26ページ参照）は、河川内にせり出した現在の温泉旅館ですが、河川敷の「不法占拠ではなく、河川が民地を侵食した」と河川管理者の県は説明しています。こうした状況が長年放置され、水害の危険にさらされてきたのが実態です。赤倉温泉地内の最上小国川の護岸も、災害のたびに応急的に改築してきたことから、統一性がなく美観を損ねています。これらの護岸の多くが老朽化し、地元から県や町に改修の要望も出されていますが、ダム建設優先の建前から、まったく手が付けられていません。

本書では、赤倉温泉の水害の多くは内水被害であることを明らかにしてきました。赤倉温泉の右岸側では、河川水位が六〇cmを越えると排水路から逆流が始まり、これを防ぐために排水樋門が閉じられ、河川水位が一・五mを越えると、「内水」が溜まりだします。「内水被害」を防ぐためには、洪水時の水位が周辺地盤より低くなるよう、川底を深くする方法が最も確実です。洪水時に、ダムによって多少水位を低下させても効果はごく限定的で、内水被害を完全に防ぐためには、排水ポンプにより汲み上げる必要があります。

最上小国川の赤倉温泉地内の「内水被害対策」は、河床掘削による河道改修が最も現実的で抜本的な対策です。赤倉温泉地内の河道

現在の赤倉温泉中心部、清流に背を向けていると評されている

島根県玉造温泉、中央を流れる玉湯川。遊歩道などが整備され、河川と一体になった街づくりがなされている

改修による治水対策は、ダム建設より経済的にも明らかに有利であり、「水害防止」「内水被害防止」「温泉街の改善」の〝一石三鳥〟の効果が期待できます。

私たちが願う治水対策は、大洪水が起きた場合でも、少なくとも人命に及ぶような壊滅的な被害を避けるような、ハード面だけでなく避難体制整備などソフト対策も含めた総合的な対策です。近年、土砂災害も多発していますが、この地域では、ダム建設にこだわって、土砂災害に対する県の対策が不十分なのではないかと危惧しています。

「川・水辺は人にとって最も身近な自然である。川・水辺とふれあうことは、人間形成である」と言った方があります。釣り客も、観光客も、地域住民も、川・水辺を身近に親しめるよう、最上小国川の清流を生かした街づくりが待たれます。

3　最上小国川ダム工事差し止め・住民訴訟

私たちは二〇一二（平成二四）年九月から「最上小国川ダム工事差し止め・住民訴訟」に取り組んでいます。私たちは何のために住民訴訟を始めたのか、この訴訟で何を勝ち取ることを目指すのか、住民訴訟と運動の関係を考えてみます。

県に対する要請や交渉だけでは限界

最上小国川ダム計画の当初は多目的ダムでしたが、山形県は二〇〇六（平成一八）年、小国川漁協や釣り愛好者等の反対を押し切って、「常時湛水しないので環境にやさしい」ということをうたい文句に、「穴あきダム」（治水専用ダム）として建設することを決定しました。

当初計画の総事業費は六四億円、総貯水量二三〇万㎥で、流域の最上流部にある赤倉温泉地域の治水のためだけに計画されたダムです。

私たちはこの間、宣伝、学習講演会、署名等の活動を行いながら、県に対して「ダムによらない最上小国川の治水計画」を求める「申し入れ」や、ダム計画の問題点を明らかにする「公開質問」「要請と交渉」などを行ってきました。しかし、県から返ってくる答えは形式的で、まともな、かみあった論争にはなりませんでした。

漁協支援と運動の幅を広げる住民訴訟提訴

私たちが住民訴訟に踏み切った二〇一二（平成二四）年当時、小国川漁協は沼沢組合長のもとでダム建設に断固として反対の立場を崩さず、県は河川内の工事だけでなく測量や環境調査も十分にできない状況にありました。私たちは「最上小国川の清流を守る会」を結成して、ダムによらない治水を求める運動を続けてきましたが、このまま漁協頼みの運動でいいのかという問題意識から、「漁協支援のために何ができるか」を議論した結果、運動の幅を広げるためにも住民訴訟の裁判闘争をやろうということになり、同年七月の住民監査請求を経て住民訴訟を起こしました。

裁判闘争を始めたことによって運動はどう変わったか

「住民訴訟」を始めたことで、それ以前の申し入れや交渉・話し合いと異なり、県側は不誠実な対応が出来ず、私たちの主張に真剣に対応せざるを得なくなりました。

私たちにとって「住民訴訟」の最初の成果は、県にとって不利な事実が記載された資料も被告山形県の「書証」として提出されたことです。これらの資料によって、私たちがそれまで知らなかった「地元住民の要望」「地元や町と県のやり取り」「ダム計画の技術的情報」など、多くの情報を得ることが出来ました。そして、私たちの「ダムによらない治水は可能である」という主張は、間違いがなかったことを再確認するとともに、私たちの対案の裏付けとなる根拠が明らかになりました。

しかし残念ながら、二〇一四（平成二六）年六月、それまでダム建設を阻止してきた小国川漁協が、県や町とダム推進派の不当な圧力に屈して、総代会で「ダム建設容認」を決定してしまい、県は翌二月にダム本体工事に着工しました。そうした状況のなか、私たちがその後も途切れることなく運動を続けるうえで、「住民訴訟」が大きな支えなりました。もし「住民訴訟」をやっていなければ、この時点で運動の継続は相当困難になっていたと考えられます。

「漁業権認可」を利用した小国川漁協にたいする県の不当な圧力の問題もあって、全国のマスコミが注目し取り上げられ、私たちの運動に多くの専門家の協力を得ることが出来ました。訴訟の論戦内容と経過を、出来るだけ分かりやすく地域の方々に伝えるために、手作りのニュースの新聞折込や報告会と講演会なども、機会あるごとに行ってきました。

報告会の様子

「住民訴訟」の今後の見通し

二〇一七（平成二九）年時点で、二回の証人尋問を含め六回の口頭弁論が開かれましたが、これからが、「穴あきダム」の構造的危険性と環境影響について、いわばダム計画の本質を議論する正念場になります。山形地裁での審理に今後どの程度の年月がかかるかは、この問題でどれだけ県側を追い詰めることが出来るかどうかにかかっていると言えます。

市民にとって裁判闘争とは何かについて、元裁判官の井戸謙一弁護士は「日本の行政訴訟は勝てない、提訴自体が少ない、原告が勝てるのは一〇％くらいです。まず、弁護士ががんばり、裁判官が乗って来やすい論理の構築と事実の提示を法廷に中ですることが必要です。今までの裁判例の大勢とは違うけれども、この事件はこういう風に判断するべきじゃないかと、多かれ少なかれ裁判官は悩みます。そこで踏み切る、決意するについては、裁判官に勇気を与える市民運動の力が大きいのです。やろうと決断するためには、この事件が多くの市民から支持してもらえるという実感が必要です。これが背中を押してくれるのです」（二〇一六年四月一〇日「裁判勝利を目指す全国交流集会」の講演）と語っています。

この種の裁判には大きなエネルギーが必要と言われますが、これまで多くの方々の協力があったことで、ここまで続けてくることが出来ました。今後も住民の方々の理解と支持を広げる活動の継続とともに、論戦の展開についても弁護団ともよく検討しながら、しっかり取り組みます。

コラム　最上小国川のアユに魅せられて

下山久伍

私は、東京で仕事をしている頃にアユ釣りに魅せられて、全国各地を釣行して歩きました。仙台に転勤になってからは、東北各地の川に出かけておりましたが、平成一二年に退職をして、最上小国川の下流部にある舟形町に移住しました。最上小国川は、アユが一日に三〇～五〇匹も釣れる川でありながら、他県の川に比べ釣り人が少ないこと、釣れるアユの姿形がいいこと、何よりも食べておいしいことが魅力です。「松原アユ」のブランドで知られ、各方面から高く評価されています。

おいしいアユが数多く釣れることから、七月～九月のアユ釣りシーズンに延べ三万人が釣りを楽しみ、子供たちの川遊びなどを含めれば、最上小国川を利用している人は年間五万人を越えるでしょう。

最上小国川は、大雨で一m位増水して濁っても、翌日には釣りが可能になるほど水の引きや、澄むのが早いことが特長です。水質が良く、急流部が多く、底石が安定している場所が多いことから、アユのエサである藻の付きが良いなど、他の河川よりアユ釣りの条件に恵まれていると言えます。

ダムのある川とダムのない川、例えば県内の寒河江川と最上小国川を比べるとよく分かります。寒河江川は上流に大きなダムがあり、大雨が降ると一ヶ月くらい濁りが続くのに対し、最上小国川は、どんな大水でも翌日にはアユ釣りが出来ます。アユ釣りにとって、大水の翌日に釣りが出来るかどうかは大きな違いです。

「穴あきダム」が出来れば、濁りが長く続くようになることは明らかです。最上小国川の支流である白川に、大きな砂防堰堤がありますが、見た目にはきれいに見えます。しかし、真下の水が落ちるところ

に行くとものすごく臭いにおいがします。特に夏はひどいものです。なぜそうなるかというと、堰堤の上流に溜まった砂礫の下は全部ヘドロ、枯れ木、落ち葉などの腐ったものが積もり、ドブドブなのです。「穴あきダム」でも砂防ダムでも上流側に、ヘドロが溜まるということを、県はよく知っているはずです。

アユの生育にとって一番困るのは、砂が流れてくることです。アユは石に付いた藻類を食べて成長しますが、流砂があると、サンドペーパーでこすったように藻類がはがされてしまいます。泥のついたエサを食ったアユは、泥臭くなり品質が落ちますが、砂を食ったアユはもっと悪くて三級品になってしまいます。アユで一番うまい部分は「はらわた」ですが、砂を食ったアユは食べられません。私がここに移住した頃に比べると、流砂が非常に多くなったと感じています。ここに「穴あきダム」が出来ることで、川岸の樹木が伐採され土砂の流出が増えるだけでなく、洪水時にダムの水位が急激に上下することで、ますます斜面の崩落と土砂の流出が激しくなることは必至です。

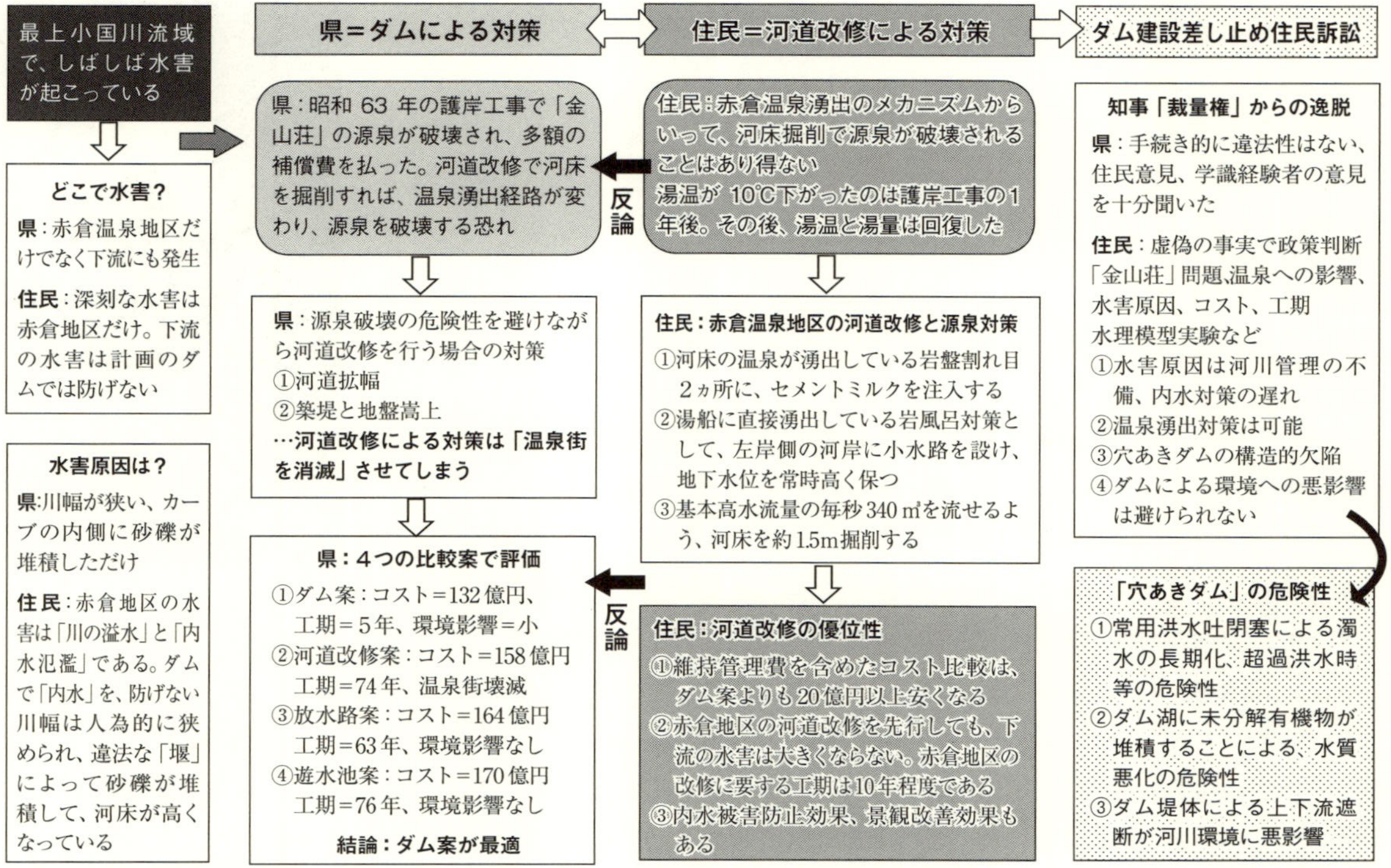

最上小国川流域で、しばしば水害が起こっている

どこで水害？

県：赤倉温泉地区だけでなく下流にも発生

住民：深刻な水害は赤倉地区だけ。下流の水害は計画のダムでは防げない

水害原因は？

県:川幅が狭い、カーブの内側に砂礫が堆積しただけ

住民：赤倉地区の水害は「川の溢水」と「内水氾濫」である。ダムで「内水」を、防げない川幅は人為的に狭められ、違法な「堰」によって砂礫が堆積して、河床が高くなっている

県＝ダムによる対策

県：昭和 63 年の護岸工事で「金山荘」の源泉が破壊され、多額の補償費を払った。河道改修で河床を掘削すれば、温泉湧出経路が変わり、源泉を破壊する恐れ

県：源泉破壊の危険性を避けながら河道改修を行う場合の対策
①河道拡幅
②築堤と地盤嵩上
…河道改修による対策は「温泉街を消滅」させてしまう

県：4つの比較案で評価

①ダム案：コスト＝132 億円、工期＝5年、環境影響＝小
②河道改修案：コスト＝158 億円 工期＝74 年、温泉街壊滅
③放水路案：コスト＝164 億円 工期＝63 年、環境影響なし
④遊水池案：コスト＝170 億円 工期＝76 年、環境影響なし

結論：ダム案が最適

住民＝河道改修による対策

反論

住民：赤倉温泉湧出のメカニズムからいって、河床掘削で源泉が破壊されることはあり得ない
湯温が 10℃下がったのは護岸工事の1年後。その後、湯温と湯量は回復した

住民：赤倉温泉地区の河道改修と源泉対策

①河床の温泉が湧出している岩盤割れ目2ヵ所に、セメントミルクを注入する
②湯船に直接湧出している岩風呂対策として、左岸側の河岸に小水路を設け、地下水位を常時高く保つ
③基本高水流量の毎秒 340 ㎥を流せるよう、河床を約 1.5m 掘削する

反論

住民：河道改修の優位性

①維持管理費を含めたコスト比較は、ダム案よりも 20 億円以上安くなる
②赤倉地区の河道改修を先行しても、下流の水害は大きくならない。赤倉地区の改修に要する工期は10年程度である
③内水被害防止効果、景観改善効果もある

ダム建設差し止め住民訴訟

知事「裁量権」からの逸脱

県：手続き的に違法性はない、住民意見、学識経験者の意見を十分聞いた

住民：虚偽の事実で政策判断「金山荘」問題､温泉への影響、水害原因、コスト、工期 水理模型実験など
①水害原因は河川管理の不備、内水対策の遅れ
②温泉湧出対策は可能
③穴あきダムの構造的欠陥
④ダムによる環境への悪影響は避けられない

「穴あきダム」の危険性

①常用洪水吐閉塞による濁水の長期化、超過洪水時等の危険性
②ダム湖に未分解有機物が堆積することによる、水質悪化の危険性
③ダム堤体による上下流遮断が河川環境に悪影響

作成：最上小国川の清流を守る会

図 18　最上小国川ダム争点説明図

おわりに

「ダムは水害を防ぐ」という「ダム神話」は、地域住民の間で意外に広く信じられているように感じられます。県や町が終始「ダムありき」を押し付けることが出来たのは、背景にこの俗論があったからだと言えます。私たちの住民運動は、一面では「ダム神話」との闘いです。

一方で、既に多目的ダムが建設された流域の方からは、「ダムが出来てから川がすっかり変わってしまった」「子どものころ毎日遊んだあのきれいな川は死んでしまった」という話を、何人もの方から聞きました。こういったダムに対する住民の批判をかき消すように、「穴あきダム（流水型ダム）は環境にやさしい」という「新ダム神話」が、行政当局によってふりまかれるようになりました。

私たちの「ダムによらない治水を求める運動」の議論の中心的な課題を端的に言えば、この新旧二つの「ダム神話」を、住民の間でいかに克服するかです。

このブックレットは、「最上小国川の清流を守る会」のメンバーが手分けをして執筆しました。発行にあたっての思いは、①ダム本体工事の着工を許してしまったがダム建設の是非を問う運動はまだ終わっていないこと、②その問題点と対案を地域住民はじめ多くの方々に知ってもらうこと、③最上小国川ダム着工を長い間止めてきた小国川漁協に対する県と町の理不尽な行動を多くの方に知っていただくこと、です。

「穴あきダム（流水型ダム）」建設事例が少ないこともあって、環境影響についての実測データはまだ十分ではありません。しかし、ダムが出来て影響が顕著になってからでは遅いことも明らかです。環境影響評価について、私たちは専門家のご指導をいただきながら、今の段階で言える精一杯の主張を展開したつもりですが、まだまだ不十分さを感じています。多くの専門家や研究者、環境保護運動に取り組む方々による、実践的な研究と理論構築が進むことを願ってやみません。

最上小国川ダム計画の個別的問題である、「河道改修による温泉湧出への影響」についても、専門家の方々から貴重な助言をいただきました。「河道改修による治水対策工事で河床を一m掘削しただけで、地下数十m～二〇〇mから湧出する源泉が枯渇する恐れがある、だからダムをつくる」という県の言い分を、十分に克服しきれていないことも今後の運動の課題になっています。このブックレットに書ききれなかった問題として、「計画高水流量が過大に算定されている」こと、「水害防止効果が過大に算定されている」ことがあります。こうした問題は、他のダム計画でも指摘されており、スジの通らないダム計画に共通の問題点かもしれません。

最上小国川ダムは、計画からダム本体着工まで二三年もかかっています。この間、小国川漁協がダム建設に不同意の立場を堅持したことは貴重です。「水害防止にはダムをつくるしかない」とウソの宣伝をしながら、漁協に圧力をかけ、人命をも軽視するダム建設推進・利権派と国・県・町の行政当局による道理のないダム計画、ゴリ押しの姿がここでも明らかになりました。

私たちは、「ダムによらない治水」が流域振興にとって決定的に重要であることを、あきらめることなく訴え続け、いずれはダムを撤去させる覚悟です。

最上小国川の清流を守る会

二〇一七年　盛夏

花伝社の本

阿蘇ジオパークに立野ダムはいらない
ダムが阿蘇・白川・有明海に与える影響

立野ダム問題ブックレット編集委員会
立野ダムによらない自然と生活を守る会 編
定価（本体 800 円＋税）

●世界の阿蘇に立野ダムはいらない RART3
国交省が開示したデータは語る。
「穴あきダム」とはどのようなものなのか？
ダムによらない地域づくりを！

崩壊する「ダムの安全神話」
ダムは命と暮らしを守らない

『崩壊する「ダムの安全神話」』
出版準備委員会 編
定価（本体 800 円＋税）

●大災害によりダムは決壊する
ダムによらない治水・利水・地域振興を目指して――球磨川・川辺川からの報告と提起
凍結されていたダム建設が全国各地で再開…
熊本からダム建設の是非を問う。

森と川と海を守りたい
住民があばく路木ダムの嘘

路木ダム問題ブックレット編集委員会 編
定価（本体 800 円＋税）

●やっぱり路木ダムはいらない！
羊角湾の豊かな干潟、それを育む森と路木川。
天草の自然の宝庫を守れ。

小さなダムの大きな闘い
石木川にダムはいらない！

石木ダム建設絶対反対同盟
石木ダム問題ブックレット編集委員会 編
定価（本体 900 円＋税）

●半世紀にわたるふるさとを守る闘い
長崎県東彼杵郡川棚町岩屋郷川原の石木ダム事業計画。脱ダム時代に考える、ダム建設の是非。

川辺川ダム中止と五木村の未来
ダム中止特別措置法は有効か

子守歌の里・五木を育む清流川辺川を守る県民の会 編
定価（本体 800 円＋税）

●ダム中止特措法の意味とは
ダム中止特別措置法と大型公共事業のゆくえ。
地域振興をめざす五木村のいま。

最上小国川の清流を守る会
ブックレット編集委員
阿部修
草島進一
沓沢正昭
佐久間憲生
下山久伍
清野清人
高桑順一
長南厚
三井和夫
佐藤豊（写真）

最上小国川の清流を守る会
〒 996-0076　山形県新庄市城西町 5-37
Tel　0233-23-0139　沓沢正昭 方

制作費の一部にパタゴニア環境助成金が充てられました

ダムによらない治水は可能だ——天然アユの宝庫・最上小国川を守れ！

2017年10月15日　初版第１刷発行

編者 ——最上小国川の清流を守る会
発行者 —— 平田　勝
発行 ——花伝社
発売 ——共栄書房
〒101-0065　東京都千代田区西神田2-5-11出版輸送ビル2F
電話　03-3263-3813
FAX　03-3239-8272
E-mail　kadensha@muf.biglobe.ne.jp
URL　http://kadensha.net
振替 ——00140-6-59661
装幀 ——佐々木正見
印刷・製本— 中央精版印刷株式会社

ISBN 978-4-7634-0832-7 C0036

最上小国川ダム関連年表

1987 年 9 月	最上町が県に治水ダム建設を要望
1991 年度	県単独事業によるダム建設に関する予備調査に着手（1994 年度まで）
1992 年 10 月	山形県が小国川で 1988 年 11 月 17 日施行した護岸工事によって金山荘を営業する山田やすゑが温泉権を侵害されたとして相当の補償措置を求める調停申立て
1995 年 8 月 8 日	上記和解
1995 年度	国の補助事業による「ダム建設実施計画調査」に着手（2001 年度まで）
2001 年	山形県自然保護団体協議会と神室山系の自然を守る会が「最上小国川ダムについての意見書」を高橋県知事、最上小国川ダムを考える懇談会に提出
2002 年	最上小国川ダムを考える懇談会、穴あきダム案を提言
2003 年 7 月 9 日	最上小国川ダム建設促進協議会（会長：高橋重美最上町町長）総会
7 月 13 日	講演会「最上小国川ダム建設の問題点」。講師：沼沢勝善小国川漁協組合長（神室山系の自然を守る会主催）
2004 年 12 月 14 日	最上小国川の暫定河川改修事業完了（県の単独事業として 2002 年度から「ゆけむり橋」等を建設）
2006 年 5 月 23 日	最上川水系流域委員会の第 6 回最上地区小委員会（座長：大久保博山形大農学部教授）は穴あきダム案で意見集約
10 月 16 日	最上川水系流域委員会（委員長：高野公男・東北芸工大教授）最上小国川ダム建設問題で「穴あきダム案が妥当」と結論づける
10 月 16 ～ 17 日	「第 25 回東北自然保護のつどい」開催（赤倉温泉）
11 月 16 日	最上小国川ダム建設問題で斎藤弘知事と小国川漁協役員が舟形町で会談、漁協側は改めて反対を表明
11 月 19 日	小国川漁協臨時総代会で穴あきダム建設に反対する決議を採択（賛成 34、反対 21）
12 月 20 日	財務省は 2007 年度政府予算原案内示で建設採択を見送る。理由は緊急性の低さと反対運動
2007 年 1 月 9 日	山形県は穴あきダムを建設する最上小国川の河川整備計画（変更）について国土交通省東北地方整備局から認可されたと発表
5 月 14 日	最上小国川治水堤建設促進協議会（会長：高橋重美最上町長）が斎藤知事に「穴あきダム」の早期建設を要望
9 月 26 日	小国川漁協と最上小国川の真の治水を考える会（押切喜作会長）が民主、新党日本、社民の野党各党にダム建設反対の請願
2008 年 5 月 28 日	最上小国川ダムを目指す山形県が最上町で説明会（当初 3 月中旬に開催予定であったが、山形県が小国川漁協役員をダム反対と賛成の色分けした資料を国に出していたことが発覚し、延期されていた）
6 月 2 日	4 月に県が漁協役員のダムに対する賛否の色分け部分や役員名を不開示したことについて小国川漁協が異議申し立て
6 月 3 日	最上小国川の真の治水を求める対策会議（高嶋昭代表）がダム建設に伴う赤倉温泉の源泉への影響を調査する要望書を斎藤知事に提出
11 月 9 日	最上小国川の真の治水を考える会が緊急シンポジウム「山形の“守るべき宝”とは」を赤倉温泉公民館で開催、今本博健・京大名誉教授、矢上雅義・元相良村長が講演
12 月 20 日	財務省が 2009 年度原案で小国川ダムに満額の内示
2008 年～ 2009 年	山形県・最上小国川ダム建設事業温泉影響検討業務実施
2009 年 6 月 22 日	県情報公開・個人情報保護審査会（会長：水上進弁護士）が小国川漁協異議申し立て中の 13 人の漁協役員の非開示を妥当とした
10 月 28 日	吉村知事、国交省馬淵副大臣に最上小国川ダム建設の継続を求める要望書を面会して提出
2010 年 1 月 28 日	山形県自然保護団体協議会が吉村知事と面談しダム建設計画の見直しと公開討論会の開催を要望、知事は討論会ではなく説明会を開く考えを提示
11 月 9 日	国交省からのダム事業検証要請を受け、最上小国川流域治水対策検討会議（会長：小松喜巳男・最上総合支庁長）を開催、ダム案が最適とする県の説明に最上町長は歓迎の意向を示し、舟形町長は慎重な姿勢を示した
11 月 24 日	県公共事業評価監視委員会（委員長：大川健嗣・東北文教大教授）が現地視察、ダム案妥当とする

12月27日	国の要請で県が再検証している最上小国川ダムに建設反対をしている小国川漁協は吉村知事に面会し、話し合いは平行線で、漁協側は「今後、県との協議には応じない」と通告
2011年1月19日	最上町民有志、赤倉温泉での内水被害対策や汚染処理の改善などの環境美化について最上総合支庁で県と話し合いを行う
6月29日	国の有識者会議（座長：中川博次・京大名誉教授）最上小国川ダムの事業継続を容認
8月12日	国交省は最上小国川ダムの事業継続を決定
11月27日	「県民による緊急再検証！最上小国川ダム」集会赤倉温泉で開催、引き続き「最上小国川の清流を守る会」設立総会
12月1日	「最上小国川の清流を守る会」代表の川辺孝之・山形大教授と小国川漁協沼沢勝善組合長は国交省で前田武志国交相と面談、ダム建設を補助する政府予算の凍結を求めた。面談には草島進一県議、田中康夫新党日本代表、今本博健・京大名誉教授らも同席した
2012年3月1日	市民オンブズマン山形県民会議「最上小国川ダムについて再検証を求める意見書」を知事に提出
3月7日	最上小国川ダム建設の見直しを求める6071人分の署名を知事に提出
5月21日	最上小国川の清流を守る会がダム建設予定地の猛禽類調査
6月29日	最上小国川の清流を守る会がダム建設に関する支出をしないように住民監査請求を県監査委員に提出 最上小国川ダム建設の見直しを求める4612人分の署名を知事に提出
6月30日	最上小国川の清流を守る会が舟形町の最上小国川河川敷で建設反対をアピール「６３０小国川DAY！」を開催、その後、同町公民館で熊本一規・明治学院大学教授が「ダムと漁業権」と題して講演
7月14日	宮本博司氏（元国交省河川防災課長）現地調査と講演会（赤倉温泉）
8月27日	住民監査請求棄却
9月21日	佐高信氏講演会「最上小国川ダム計画を考える」（新庄市）
9月25日	最上小国川の清流を守る会が山形県に最上小国川ダム建設への公費支出差し止めを求める住民訴訟を山形地裁に起こす
9月28日	最上小国川の清流を守る会が吉村知事にダム建設中止や流域の環境保護を求める要請文を提出
10月7日	住民訴訟に向けての現地調査と討論会（高橋健弁護士他２名の弁護士と30数名参加、赤倉温泉）
10月13日	最上小国川ダムの本体工事の作業用道路の取り付け工事が始まる
10月17日	小国川漁協、ダム予算の執行停止を求める要請文を県に提出
10月26日	最上小国川の清流を守る会が国交省東北地方整備局に最上小国川ダム建設中止の申し入れ
10月29日	最上小国川穴あきダム建設促進協議会（会長・高橋重美最上町長）など、着工を祝う会と安全祈願祭をダム建設予定地で開催。最上小国川の清流を守る会のメンバー約15人が抗議活動を行う
11月27日	住民訴訟第１回口頭弁論　高桑原告団長が「今回の訴訟は『ダム神話』との闘い。誰が水害防止に真剣に取り組み、地域振興を考えているかを司法の場で明らかにする」と意見陳述
12月5日	講演会「知事はなぜ、ダムにこだわるのか⁉」（遊学館）。佐高信、高成田享、川辺孝幸、沼沢勝善小国川漁協組合長、高桑順一住民訴訟原告団長等が提言、報告、決意を表明
2013年2月12日	住民訴訟第２回口頭弁論。高嶋昭原告副団長「地域住民の真の願いについて」意見陳述
4月1日	赤倉温泉の阿部旅館事業停止。自己破産申請の準備に入ったことが判明
4月9日	住民訴訟第３回口頭弁論。清野真人原告団事務局長「ダムによらない治水対策」意見陳述

6月28日	県議会農林水産常任委員会で五十嵐和昌水産課長は伊藤重成委員に小国川漁協と「今年の１月から内水面漁業対策について５回、治水対策について３月から７回の意見交換をしている」と答えた。また阿部清技術戦略監は「さらに幅広いかたちで情報発信と意見交換をし、合意点を見出したい」と語った
8月2日	「最上小国川ダム強行反対！トーク＆ライブ　小室等×佐高信」開催（最上小国川の清流を守る会主催、新庄市民文化会館）
9月26日	ダム建設のための迂回仮設備工事が着工、安全祈願祭が行われる
10月5～6日	「“ダムと観光振興!?”川と温泉の振興策を考える全国集会 in 小国川」開催（最上小国川の清流を守る会主催）
11月5日	山形地裁の裁判官が現地視察し、原告と被告から説明を受ける（赤倉温泉）
12月18日	阿部清技術戦略監が県議会農林水産常任委員会で「ダム計画への賛成反対は漁業権免許の更新に直接は関係ない」とする一方で「公益上必要な行為にはきちんと話し合いをして頂けるという確証を求めている」とし、確証がない場合、更新手続きを進めない可能性を示唆 最上小国川の清流を守る会が緊急幹事会開催
12月19日	小国川漁協が公益に十分配慮するように求める県に対して小国川漁協の考えをまとめた説明文書を提出
12月20日	沼沢勝善組合長が阿部清技術戦略監と「公益上必要な行為に十分配慮すること」について話し合い、基本的に受け入れることを明らかにした。具体的には話し合いに応ずること、県からの説明を聞くこと、測量などの調査を妨げないことの３点について基本的に受け入れる考えを示し、24日までに回答書を提出することを明らかにした。最上小国川の清流を守る会は県の強権的な行政措置を批判する声明を発表
12月22日	若松正俊・県農林水産部長ら４人が小国川漁協事務所に沼沢勝善組合長を訪ね、約１時間会談。話し合いでは組合長は「ダム推進ではなく（ダムによらない）治水対策の推進」と述べ、若松部長は「ダムありきではないことだけは誤解しないでほしい」と話したという
12月23日	小国川漁協の沼沢勝善組合長らが県庁を訪れ、12月19日に提出した文書を県側の要望を踏まえて文言を修正した文書を提出
12月25日	県内水面漁場管理委員会が小国川漁協に漁業権を与えるべきと答申。沼沢勝善組合長は「今後も最上小国川の水産振興のため、自信と誇りをもって活動する」と述べ、「ダムによらない治水を求めていくことに変わりはない」と表明
12月26日	山形県が小国川漁協に漁業権の免許状を送付。ダムの早期建設を求めて要望書を提出した最上町長らに対し吉村知事は年明けに協議の場を設けることを表明
2014年1月4日	沼沢勝善組合長の心労が激しく、最上小国川の清流を守る会が緊急幹事会を開催
1月17日	県河川課の高橋英信・河川調整主幹ら６人が小国川漁協の沼沢勝善組合長を訪ね、県と漁協など関係者との協議を今月26日からの週に開催する方向で一致。会談後の沼沢勝善組合長は「協議について県から要請があり、受け入れた。しかし私たちはあくまで、ダム建設計画に反対の立場であることには変わりない。赤倉地区の河道改修によって、治水対策が望ましいことは従来通り」と表明
1月20日	ダム検証のあり方を問う科学者の会が県の最上小国川ダム計画について、その必要性を疑問視する意見書を吉村知事に提出
1月27日	県が最上総合支庁で28日に小国川漁協と１回目の協議を行うと発表。最上町議会や流域の赤倉町内会などからも約20人参加予定 最上小国川の清流を守る会は協議を公開すること、協議の場にダム建設に慎重な考えの河川工学者を加えることを求める文書を県に提出
1月28日	山形県と小国川漁協等との協議、第１回目
2月8日	沼沢勝善組合長、青木公理事、伊藤太一支部長、嶋津暉之水源連共同代表、沓澤正昭最上小国川の清流を守る会事務局長が県との今後の協議のあり方について話し合い
2月10日	小国川漁協の沼沢勝善組合長、死去
2月12日	葬儀

3月15日	小国川漁協理事会を開催し、高橋光明氏（63）を新組合長に選任　理事10人が立候補した2理事を無記名で投票し、開票結果は高橋理事が6票、青木公理事（73）が4票
4月3日	県と小国川漁協が2回目の協議の日程について話し合い。会談には県から農林水産部・阿部清技術戦略監ら8人、漁協側は高橋光明組合長、斎藤富士巳副組合長ら5人が出席して約40分間意見を交わし、12日か15日に開催する方向で調整 最上小国川の清流を守る会など2団体が知事に公開質問書を提出
4月12日	第2回山形県と小国川漁協等との協議（公開、県立農業大学校緑風館）、漁協は有識者を加えた協議を求めたが県側首長等は拒絶
4月14日	知事は定例記者会見で小国川漁協が県と漁協がそれぞれ推薦する有識者による公開シンポジウムの開催を求めていることについて開催しないことを明言
4月17日	山形県は最上小国川の清流を守る会など2団体が知事に公開質問書を提出し、ダム推進の有識者とダムによらない治水を推す有識者による公開討論会の開催を求めていた点について、否定的見解の回答
4月25日	最上小国川の清流を守る会など3団体がダム反対の署名10,136人分を県に提出
4月29日	第3回山形県と小国川漁協等との協議。県、具体的振興策を提示、高橋光明組合長は賛否を理事会・総代会に諮ると表明
5月16日	小国川漁協は理事会で理事10人中6人がダム建設容認、反対は4人で、この結果を来月8日の定例総代会に示し諮ることになった
5月17～18日	シンポジウム「最上小国川の真の治水を求めて―小国川 DAY 2014/5/17 ～ 18」（主催・最上小国川の清流を守る会）
5月22日	最上小国川ダム計画に伴う流域の環境保全について協議する「最上小国川流域環境保全協議会」（委員長：原慶明山大名誉教授）は工事施工による昆虫類、動植物や鮎などの生息環境への影響はほとんどない」などとする第2回中間とりまとめを青柳最上総合支庁長に提出。最上小国川の清流を守る会は中間とりまとめに反論する声明を発表
6月3日	最上小国川の清流を守る会など3団体が最上町に「真の治水対策を求める」とする要請書を提出
6月8日	小国川漁協が総代会でダム容認を決議（普通決議で賛成57、反対46）
6月10日	小国川漁協の高橋光明組合長ら4人が県庁を訪れ吉村知事に決議の内容を伝える
6月21日	小国川漁協の全理事が理事会でダム容認を表明。最上小国川の清流を守る会が講演会「鮎と縄文からの日本人のつきあい」（講師：川那辺浩哉京大名誉教授）を開催
7月9日	「最上小国川穴あきダム建設促進協議会」（会長：高橋重美最上町長）総会　ダム建設事業の推進を国や県、関係団体に要望していくとする総会決議を全員一致で採択
7月27日	最上小国川の清流を守る会が小国川漁協の総代を戸別訪問し、ダムによらない治水策を呼びかける
8月1日	最上小国川流域環境保全協議会が行ったアユを中心とする調査内容について、調査に値しないという意見書提出（川那辺浩哉京都大学名誉教授、竹門康弘京都大学防災研究所准教授、朝日田卓北里大学海洋生命科学部教授、高橋勇夫たかはし河川生物調査事務所代表の連名）
8月26日	住民訴訟第4回口頭弁論。最上小国川の清流を守る会の共同代表川辺孝之山形大教授（地質学）が源泉に影響しない河川改修が可能であることを陳述
8月27日	第4回県と小国川漁協等との協議。県は、漁協と結ぶ覚書の素案について漁業補償が行われる場合と行われない場合の2案を提示
8月28日	県、小国川漁協、舟形町、最上町などによる意見交換会が県庁で行われ、流水型ダムの穴詰まり対策や漁業振興策についての具体案を県が提示
9月3日	小国川漁協が理事会を開催し、漁業補償を求めないことを決定。流域監視委託料（県の提示は約140万円、4～11月の8か月間に週2回1人が河川環境を監視する設定で見積もり）の上積みを求めていくことにした
9月5日	舟形町議会は「小国川漁協稚鮎センター」を整備するための水産振興基盤整備事業（2398万1000円）の予算案を可決
9月11日	第5回県と小国川漁協等との協議。流域監視委託料を500万円とすることが大筋合意

9月18日	最上小国川ダム建設に反対する草島進一県議は県庁で会見、17日に水産庁を訪れ、同庁から「漁業補償契約を結ぶ際、組合は影響を受ける組合員の同意を事前にとっておくことが望ましい」との見解が示されたことを明らかにし、組合員全員の同意が必要だと主張した
9月19日	小国川漁協の15人の組合員が県との交渉でまとまった内容の根拠や漁協執行部の考えを組合員に詳しく説明するように求める公開質問状を高橋光明組合長に提出
9月25日	公開質問状を提出した組合員が最上町で記者会見を行い、漁協執行側が漁業補償について組合員に相談も同意を求めることもしなかったことなどについて具体的な回答をしなかったことに抗議する声明を発表
9月22～23日	「ダムによらない治水と漁業振興を求める小国川漁協組合員の会」と「小国川の清流を守る会」が漁協総代と理事の全員にダムによらない治水策を要請するハガキ郵送
9月27日	最上小国川の清流を守る会が緊急幹事会（熊本一規教授との勉強会）
9月28日	小国川漁協の臨時総代会が小国川ダムを最終容認した（賛成80、反対29）ダムによらない治水と漁業振興を求める小国川漁協組合員の会と最上小国川の清流を守る会は記者会見を行い「組合員の同意も得ず、補償なしに漁業権侵害を認める違法な決議であり、無効だ」とする声明を発表
10月6日	ダムによらない治水と漁業振興を求める小国川漁協組合員の会は10月8日に漁協と県が結ぶ予定の覚書などについて締結をやめるように求める要望書を知事宛てに提出
10月8日	小国川漁協、県、最上町、舟形町は県庁で流水型ダムを建設し、内水面漁業の振興を図る協定を締結し、県と漁協はダム建設に伴う環境保全についての覚書を交わした
10月10日	ダムによらない治水と漁業振興を求める小国川漁協組合員の会の組合員が水産庁を訪れ「組合員のほとんどが漁協と県との交渉のいきさつを知らされていない」などと訴えたのを受け、同庁の担当者が県に電話で組合員の意見を聞くように助言。東海林俊夫県水産振興課長は「『漁業補償の交渉当事者は漁協』というスタンスに変わりはない」とした上で、協議の場を設ける方針を明らかにした
10月31日	ダムによらない治水と漁業振興を求める小国川漁協組合員の会の代表者が県庁を訪れ、協議の場を設けることを要請
11月4日	吉村知事は一部漁協組合員からダム建設に伴う漁業補償について協議の場を設けるように要請があったことについて手続きに問題がないとの認識を示し、東海林県水産振興課長もこの要請をもって意見を承ったとして、協議の場の設定を否定した
11月27日	最上町で「最上小国川清流未来振興機構（仮称）」の設立に向けた準備会開催。来年4月に設立総会を開くことを決め、準備会の後は町民らも加わり、観光、農林水産、環境教育など五つのグループに分かれて第1回のワークショップを開催
2015年1月6日	ダムによらない治水と漁業振興を求める小国川漁協組合員の会は9月28日に開催された臨時総代会の不当性を正すべく、臨時総会の開催に必要な総組合員数の5分の1を超える200名の賛同を得るため臨時総会開催請求書を各組合員にお願いするも、締め切りの12月8日までに15名が不足し、断念したことを協力していただいた組合員にその報告とお礼の文書を郵送
1月11日	「ダムネーション」（ダムの撤去を題材にした米国のドキュメンタリー映画）を鶴岡市と新庄市で上映　最上小国川の清流を守る会主催
1月28日	ダムによらない治水と漁業振興を求める小国川漁協組合員の会と最上小国川の清流を守る会は1月29日、最上小国川ダム本体工事の入札が始まることについて組合員への説明不足と魚類生態学者の見解が反映されていないことから入札中止を県水産振興課に面会して約3時間の話し合い
1月29日	ダムによらない治水と漁業振興を求める小国川漁協組合員の会」が9月28日に行われた臨時総代会と小国川漁協のあり方等について総代114名にアンケート調査実施　県は最上小国川ダム本体工事の入札を開始
2月5日	県は準大手ゼネコンの前田建設工業と飛島建設、地元最上町の大場組が組んだ共同企業体（ＪＶ）が落札したと発表した
2月末	ダム本体着工

2月15日	最上小国川の清流を守る会が沼沢勝善前組合長を追悼し、最上小国川の清流を守る運動について考える集会を開催。評論家佐高信氏が講演を行い高桑・清野の両氏が報告、約70名が出席、意見交換を行う
2月23日	ダムによらない治水と漁業振興を求める小国川漁協組合員の会と最上小国川の清流を守る会の17名は漁業法に詳しい熊本一規・明治学院大学教授と共に県庁を訪れ、県水産振興課と河川課の両課長に漁業補償のあり方について説明を求めた。議論は平行線のまま約3時間続いた
2月25日	県議会は最上小国川ダムの工事請負契約締結について可決、同日付で落札業者との契約が成立した
3月16日	最上小国川の清流を守る会総会（日やま山荘）
3月20日	最上小国川の清流を守る会の共同代表・高桑順一氏が4月の県議選で最上郡区から無所属で立候補することを舟形町で会見を開いて表明
4月27日	最上小国川ダムの堤体工事安全祈願祭が最上町の建設地で行われた。会場近くでは最上小国川の清流を守る会の11人が「ダム反対。清流を守れ」と訴え
4月30日	「最上小国川清流未来振興機構」の設立総会が舟形町で開催。最上総合支庁長、最上・舟形両町長、小国川漁協組合長ら約60人が出席し、機構本部長に悪七幸喜最上小国川流域産地協議会会長を選出
6月14日	小国川漁協の通常総代会が舟形町生涯学習センターで開かれ、高橋光明組合長は再任、副組合長は理事の信夫栄氏が選任され、斎藤富士巳は退任した。他に新理事7人が新しく選ばれ、監事3人は留任
7月21日	第5回口頭弁論。高桑順一原告団長「訴訟の争点について」意見陳述
2016年3月25日	証人（上野鉄男・中野啓二）、弁護団、原告団が証人尋問に向けての打ち合わせ会議（遊学館）
3月26日	証人、弁護団、原告団による現地調査と意見交換（午前中）。「最上小国川の清流を守る会」総会（三之亟）
6月13日	上野証人との尋問打ち合わせ（県民会館）
7月8日	中野証人との尋問打ち合わせ（中野宅）
7月19日	第6回口頭弁論。水害原因について上野証人尋問
8月23日	第7回口頭弁論。温泉影響問題につて中野証人尋問
10月22～23日	東北の集い（庄内町）で草島共同代表が最上小国川ダム問題について報告
10月26日	最上小国川の水質調査を週1回の輪番制で開始
11月18日	最上小国川の河川状況を現地調査（下山、長南、高桑、沓澤）
11月24～27日	パタゴニア主催研修会（山梨県）草島・高桑両共同代表参加
12月22日	吉村知事に「最上小国川の河川管理および赤倉地区の内水対策についての要請書」提出
2017年1月21日	フォーラム「清流・最上小国川の今から未来を考える」まさのあつこ氏講演、報告、パネルディスカッション実施
2月8～9日	山形県自然保護団体協議会総会（飯豊町）最上小国川ダム問題について高桑・沓澤が報告
4月15日	「最上小国川の清流を守る会」総会（日やま山荘）
7月31日～8月1日	「最上小国川の清流を守る会」が穴あきダムの浅川ダム（長野市）、辰巳ダム（金沢市）を視察